Marc Ellinger · Birgit Schaarschmidt

# Überleben Hausbau

Wie man das Projekt Eigenheim meistert – ein Ratgeber für Bauherren

Marc Ellinger · Birgit Schaarschmidt

# Überleben Hausbau

Wie man das Projekt Eigenheim meistert –
ein Ratgeber für Bauherren

Bibliografische Information der Deutschen Nationalbibliothek:
Die Deutsche Nationalbibliothek verzeichnet diese Publikation in der
Deutschen Nationalbibliografie; detaillierte bibliografische Daten sind im Internet
über www.dnb.de abrufbar.

ISBN (Print):    978-3-8167-9788-3
ISBN (E-Book):  978-3-8167-9835-4

Lektorat · Redaktion: Fraunhofer IRB Verlag, Stuttgart
Herstellung · Layout · Satz: Gabriele Wicker
Bildquelle Umschlagabbildungen: MEV-Verlag
Druck: Offizin Scheufele Druck und Medien GmbH & Co. KG, Stuttgart

© Fraunhofer IRB Verlag, 2019
Fraunhofer-Informationszentrum Raum und Bau IRB
Nobelstraße 12, 70569 Stuttgart
Telefon +49 711 970-2500
Telefax +49 711 970-2508
irb@irb.fraunhofer.de
www.baufachinformation.de

# Inhaltsverzeichnis

**8**

**10**

# 1 Warum dieses Buch

## 1.1 Die Intention der Autoren

Die Autorin und der Autor erleben als Baurechtsanwältin und Bausachverständiger mit einem Tätigkeitsschwerpunkt in der baubegleitenden Qualitätskontrolle immer wieder, wie der Traum vom eigenen Heim zum Albtraum werden kann. Das Schlimme an diesem Szenario: Die Freude an den eigenen vier Wänden geht darüber verloren; Lebensqualität, Partnerschaften und Familienbande werden immensen Belastungen ausgesetzt. Die wirtschaftliche Existenz von Privathaushalten wird gefährdet. Das soll und muss nicht sein.

Im Informationszeitalter ziehen wir alle möglichen Informationen aus dem Netz, lesen im Internet Testberichte zu allen möglichen Gerätschaften. Doch wenn es ums eigene Haus geht, um eine Investition von mehreren Hunderttausend Euro, für das über Jahre Hypothekendarlehen abbezahlt werden müssen, gehen wir an die Prüfung des Produktes Haus und an die Vorüberlegungen vielfach zu nachlässig heran. Euphorie und leider anfänglich oft unangebrachtes blindes Vertrauen in den Hausbaupartner der Wahl – eigentlich in den geschickt agierenden überaus gewinnenden Verkäufer – treten anstelle des gesunden Menschenverstandes. Das Erwachen kann furchtbar und grausam sein.

Um dies zu vermeiden, haben sich die Autoren entschlossen, ein Buch zu schreiben, das eine große Anzahl möglicher Fallstricke in baurechtlicher sowie bautechnischer Hinsicht darstellt und Sie sensibilisiert, um diese Fallstricke zu umgehen. Jedoch sind Sie Ihres eigenen Bauglücks Schmied: Wenn Sie den gesunden Menschenverstand über Bord werfen und sich voll Euphorie oder aus (zumeist vermeidbaren) finanziellen und terminlichen Zwängen dem nicht immer hehren Geschäftsgebaren ihres Hausbaupartners unterwerfen, müssen Sie damit klar kommen.

## 1.2 Die Kunst des Bauens

Bauen ist eine Kunst, aber nicht jeder ist zum Künstler geboren. Dies gilt für viele Bauschaffende und noch mehr für viele, die am und auf dem Bau arbeiten. Viele der Bauschaffenden sind sich ihrer Verantwortung und ihres Einflusses auf die Qualität des zukünftigen Eigenheims, ihres Hauses, gar nicht bewusst.

Dieses Buch kann, wird und will Sie nicht zum Bauexperten machen. Nicht umsonst heißt es in Fortsetzung des Satzes »Kunst kommt von Können«, dass das Können vom Üben komme. Beim dritten oder vierten Haus, wenn es denn dazu kommt, werden Sie sicher besser informiert und vorbereitet sein als bei Ihrer Einstiegsimmobilie. Dieses Buch soll Ihnen Denkanstöße und Hilfestellungen bieten, beim Herantasten und bei der Umsetzung des Projekts Eigenheim. Aus den Erfahrungen des Sachverständigen heraus werden Problembereiche bei der Konzeption, der planerischen Umsetzung, der Bauausführung und der späteren Nutzung, dem »Bewohnen« aufgezeigt. Dabei wurde auf Fachjargon bewusst verzichtet und versucht, die Sachverhalte allgemein verständlich zu formulieren.

## 1.3 Die Kunst, Verträge zu schließen

Neben dem technischen Teil in Verträgen besteht die vertragsrechtliche Komponente, die ebenso komplex und wichtig ist. Auch dazu möchten wir Denkanstöße und Hilfestellungen geben. Bei Bauverträgen zählen schriftliche Dokumente. Aus Sicht der Fachanwältin für Baurecht wird das Vertragsrecht dargelegt. Die typischen Situationen werden umrissen, damit Sie ein Gefühl dafür erhalten, welche Möglichkeiten Sie haben und wie Sie am besten zu einem für Sie sinnvollen Ergebnis kommen. Nicht alle Wege sind für Sie wirtschaftlich betrachtet sinnvoll oder zeitlich betrachtet effektiv. Es sollen Möglichkeiten aufgezeigt werden, bestimmte Konfliktsituationen zu vermeiden oder zu entschärfen. Denn es gibt Situationen, die für Sie wirtschaftlich betrachtet viele Schwierigkeiten bergen – gerade dann, wenn es Ihnen darum geht, in Ihr Haus einziehen zu wollen, aber dieses noch nicht fertiggestellt ist.

## 1.4    Sprachregelung – Genderinformation

Sie werden im Folgenden häufig die männlichen Berufsbezeichnungen oder Rollenbezeichnungen finden. Damit sollen die leichtere Lesbarkeit und der Textfluss gefördert werden, die durch die zusätzliche Verwendung der weiblichen Bezeichnung aus Sicht der Autoren gestört werden. Hierdurch ist keinesfalls eine Abwertung weiblicher Berufsgruppen zu sehen.

# 2 Die Rollen am Bau

## 2.1    Die Rolle des Bauherrn

Bauherren sind die »Herren des Bauens« soweit es ihr Projekt betrifft. Sie sind Eigentümer des Baugrundstücks oder aber Inhaber des Erbpacht- oder Erbbaurechts. Sie haben geplant oder planen lassen, Sie haben die Verträge geschlossen und damit einen Leistungsumfang an Bauleistungen definiert. Und sie sind diejenigen, die das Ganze am Ende bezahlen und im Regelfall über Jahre und Jahrzehnte finanzieren müssen.

»Herr« des Bauens zu sein bedeutet immer auch, die im Vertragsumfang festgelegten Vorstellungen durchzusetzen und für die Realisierung derselben einzustehen. Das ist nicht immer angenehm. Weichen Ihre Vorstellungen vom üblichen Standard ab oder ist eine außergewöhnliche Ausführung vereinbart, stehen Sie als Bauherr oft vor der Herausforderung, dies den Bauausführenden auf der Baustelle begreiflich und plausibel zu machen. Argumente wie »Das haben wir noch nie …« bzw. »Das haben wir schon immer so gemacht!« sind vonseiten der Bauausführenden schnell ausgesprochen und für Laien im Baufach, wie es Bauherren häufig sind, schwer widerlegbar. Auch wenn etwas auf der Baustelle anders ausgeführt wurde, als es laut Plan vorgesehen war, stoßen Bauherren mit dem Anliegen, die Ausführung gemäß der Planvorgabe zu ändern, meist auf Ablehnung. Es lohnt sich aber durchaus, als Bauherr darauf zu bestehen, auch wenn man sich keine Freunde damit macht. So entstehen zum Teil sehr unangenehme Situationen, in denen Bauherren durch aktiven und passiven Widerstand aufseiten der Bauausführenden unter Druck gesetzt werden. Solche Situationen gilt es auszuhalten, um weiterhin für sich und seine Vertragsvorstellung/-auslegung einzustehen.

Bauherren sind **nicht** die ständigen Getränke-, Kaffee- und Kuchenlieferanten der Baustelle. Es spricht nichts dagegen, das eine oder andere Mal Getränke (bitte alkoholfrei!) oder auch mal Kaffee und Kuchen vorbeizubringen, aber bitte nicht täglich. Sonst besteht die Gefahr, dass Sie als Versorger inventarisiert werden und Sie es somit anschließend zunehmend schwerer haben, ernst genommen zu werden.

Pflegen Sie ein freundliches, aber durchaus distanziertes und konstruktives Verhältnis zu den auf der Baustelle Tätigen. Seien Sie freundlich im Ton (der kann auch ruhig mal energischer werden) und bleiben Sie beharrlich und hartnäckig in der Durchsetzung Ihrer Vorstellungen. Es sei denn, die Argumentation von der Baustellenseite her ist richtig und nachvollziehbar. Bauherr sein bedeutet nicht, dass alle Sie mögen müssen – das haben Sie in dieser Rolle mit den Herrschenden aus Historie und Gegenwart gemein.

Sicherlich ist es für Sie als Laie im Technikbereich oder im Hausbau schwierig, stets beurteilen zu können, ob das, was man als Bauherr erwartet, auch wirklich das ist, was vertraglich vereinbart ist. Ebenso ist es, erfahrungsgemäß schwierig zu sagen, ob eine weitere Leistung aus technischer Sicht erforderlich bzw. sinnvoll ist und sich daran ein zusätzlicher Vergütungsanspruch knüpft.

Baugewerbe und Bauhandwerksberufe werden nach wie vor verstärkt von Männern besetzt. Das kann mitunter dazu führen, dass insbesondere Fachfremde und Bauherrinnen es manchmal schwerer haben, auf der Baustelle ihre Wünsche zum Bauvorhaben anzubringen. Wichtig ist eine Kommunikation auf Augenhöhe. Falls nötig, holen Sie sich fachliche Unterstützung (Bauherrenvertreter/in, Architekt/in, Bauleiter/in) für Verhandlungen, um Ihre Interessen leichter durchzusetzen.

## 2.2 Die Rolle des Käufers beim Bauträgervertrag

Sie sind Käufer, wenn Sie Haus und Grundstück von ein und demselben Vertragspartner oder dem Bauträger erwerben bzw. der Kaufvertrag des Grundstücks und der Kaufvertrag des Hauses (das ist dann kein reiner Werkvertrag mehr) eng miteinander verwoben sind. Nachteil dabei ist, dass Sie die Grunderwerbssteuer nicht nur auf den Kaufpreis des Grundstücks, sondern auf die Summe der Kaufpreise von Grundstück und Haus zahlen. Der Bauträger bleibt solange Eigentümer des Grundstücks bzw. des Teileigentums, bis Sie in der Regel die letzte Rate des vereinbarten Kaufpreises gezahlt haben und dann Ihre Eintragung als Eigentümer beim Grundbuchamt vorgenommen wird.

Vorher sind Sie in der Regel lediglich mit einer sogenannten Vormerkung als möglicher neuer Eigentümer im Grundbuch eingetragen.

Grundstückskauf sowie Haus- und Wohnungskauf müssen zwingend vor einem Notar abgeschlossen werden. Denn die Form der notariellen Beurkundung eines Kaufvertrags über eine Immobilie ist zwingende Wirksamkeitsvoraussetzung für den Kaufvertragsschluss.

Wenn Sie auf Ihrem eigenen Grundstück bauen, sind Sie zwar Käufer des Grundstücks, aber bezüglich des Bauens sogenannter Besteller oder Auftraggeber. Wenn Sie Ihr noch zu bauendes Eigenheim zusammen mit dem Grundstück erwerben, liegen zum einen ein Kaufvertrag und zum anderen ein Werkvertrag für das noch zu erstellende Eigenheim vor.

Im Unterschied zum Bauen im Werkvertragsrecht auf Ihrem eigenen Grundstück werden Sie in dieser Konstellation erst dann Eigentümer, wenn Sie die letzte Rate bezahlt haben und der Bauträger gegenüber dem Grundbuchamt die Auflassung erklärt. Sie haben keinerlei originäres Hausrecht auf der Baustelle; grundsätzlich kann der Bauträger Ihre Baustellenbesuche sogar streng reglementieren und an im Vorfeld zu vereinbarende Termine binden. Dies gilt auch für die baubegleitenden Kontrollen eines von Ihnen beauftragten Sachverständigen. Kommt es in der Bauphase zu Diskrepanzen, z.B. zu Streitigkeiten über Mängeleinbehalte oder Gutschriften, ist Ihre Position schwächer als beim Bauen auf dem eigenen Grundstück, da Sie den Verkäufer des Grundstücks nur schwer verweisen können. Die Konstellation hat aber auch Ihre Vorteile. Sie sind nicht Bauherr und auch nicht Grundstückseigentümer. Daher liegen alle Haftungsrisiken für Grundstück und Bauwerk bis zur Erklärung der Auflassung beim Bauträger. Üblicherweise gehen jedoch mit Übergabe und Abnahme bereits einige Haftungsrisiken auf Sie als Käufer über. Die Auflassung ist oftmals zu diesem Zeitpunkt noch nicht erklärt.

**Sind Sie Bauherr oder Käufer?**

Klären Sie für sich selbst Ihren eignen Vertragsstatus und machen Sie ihn sich bewusst. Kaufvertrag und Werkvertrag sind zwei sehr unterschiedliche Vertragskonstellationen, die Ihnen unterschiedliche Einwirkungsmöglichkeiten auf den Baufortgang ermöglichen.

**24**

## 2.3    Die Opferrolle unbedingt vermeiden

Das ist die Rolle, in die Sie sich nicht drängen lassen dürfen. Ein Haus zu bauen oder bauen zu lassen ist zumindest von der Unternehmerseite her ein knallhartes und manchmal auch brutales Geschäft. Und so sollten auch Sie das sehen, denn Sie zahlen gutes Geld und haben demzufolge auch einen Anspruch auf eine gute, qualitativ einwandfreie Gegenleistung, die die vereinbarten vertraglichen Beschaffenheiten hat. Diesen Anspruch fortwährend durchzusetzen ist gar nicht so einfach und häufig mit Selbstzweifeln, schlaflosen Nächten und Tränen verbunden. Weinen Sie im Verborgenen und nicht auf der Baustelle, dort sollten und müssen Sie Standhaftigkeit und Selbstbewusstsein zeigen. Ein guter Bauherrenberater kann und wird Sie dabei wirkungsvoll unterstützen.

## 2.4    Die Rolle des Verkäufers

Gerade wenn Sie es mit Baupartnern zu tun haben, die über eine professionelle Vertriebsstruktur verfügen, haben Sie es mit geschulten Verkäufern zu tun. Die sollen aus Sicht ihres Arbeit- oder Auftraggebers in erster Linie Häuser verkaufen und Verträge »schreiben«. Dafür werden sie immer wieder neu geschult und mit modernsten verkaufspsychologischen Erkenntnissen gebrieft. Das ist ebenso legitim wie die praktische Anwendung dieser erworbenen Erkenntnisse. Auch wenn Sie sich dessen nicht bewusst sind, Sie werden normalerweise vom Erstkontakt bis hin zur Vertragsunterzeichnung und Bemusterung nach verkaufspsychologischen Erkenntnissen gerastert und bearbeitet. Das fängt bereits bei der Zuweisung zu Ihrem Verkäufer an.

Ein guter Verkäufer kann auch einem Eskimo im arktischen Winter zehn Kühlschränke auf einmal verkaufen. Da ist es ein vergleichsweise leichtes Unterfangen einem potenziell Bauwilligen oder Käufer ein Haus anzudrehen. Vielleicht sogar ein Haus, das der so gar nicht will oder braucht. Verkauft wird bei Frauen und Männern über das Wecken von Emotionen und Bedürfnissen, die vorher vielleicht noch gar nicht da waren. Dabei wird seitens des Verkäufers eine vertrauensbasierte Beziehungsebene zwischen dem Verkäufer und dem Bewerber geschaffen und genutzt. Aber der Verkäufer ist nicht zwangsläufig Ihr Freund – er arbeitet für einen Auftrag- oder Arbeitgeber und für die Provision, die Ihr Vertragsabschluss ihm einbringt.

Machen Sie es sich immer wieder aufs Neue bewusst, dass Sie als potenziell Bauwilliger im Zuge der Vertragsanbahnung durch allerlei verkaufspsychologische Werkzeuge, Kniffe und Tricks manipuliert werden. Prüfen Sie die Fragestellungen und Aussagen des Verkäufers entsprechend der Intention und des Kontextes, in dem sie getätigt werden.

Entscheiden Sie nichts aus dem Bauch heraus. Verkaufsgespräche und Verhandlungen sollten Sie nie hungrig oder unausgeschlafen führen, denn diese Empfindungen machen Sie noch leichter manipulierbar.

Glauben Sie keinen Versprechungen! Nur das, was schwarz auf weiß im Vertrag steht oder in ergänzenden schriftlichen (!) Vereinbarungen festgelegt wurde, ist geschuldet.

## 2.5 Die Rollen der am Bau Beteiligten

### 2.5.1 Der Architekt

Bei einem ganz traditionellen Hausbau beauftragt der Bauherr einen Architekten mit Entwurf, Baueingabe- und Werkplanung sowie der Bauleitung seines Bauvorhabens und schließt Einzelverträge (Werkverträge) mit den am Bau beteiligten Handwerkern. Der Architekt schließt einen Werkvertrag mit dem Bauherrn über die von ihm zu erbringenden Leistungen. Diese Leistungen unterliegen einer Preisverordnung (gesetzliche Regelung), der »Honorarordnung für Architekten und Ingenieure (HOAI), sofern die Baumaßnahme in deren Anwendungsbereich liegt. Bei einem üblichen Hausbau dürfte dies grundsätzlich der Fall sein. Die HOAI ist lediglich eine Vergütungsordnung. Darin werden aber auch die verschiedenen Leistungsphasen mit den sogenannten Leistungsbildern beschrieben und die dazugehörigen Teilleistungen aufgeführt, die diese Leistungsphasen beinhalten. Werden diese Leistungsphasen als zu erbringende Leistungen voll oder teilweise beauftragt, werden diese Leistungen bzw. die Teile der Leistungsbilder Vertragsinhalt und müssen vollumfänglich in dem beauftragten Umfang erbracht werden. Der Architekt schuldet den Erfolg seiner Leistung im Rahmen der vereinbarten Leistungsphasen bzw. Leistungen.

**26**

Der Architekten- oder Planervertrag muss nicht schriftlich geschlossen werden. Es reicht, wenn dieser mündlich geschlossen wird, d. h. der Planer mündlich beauftragt wird. Hierbei gilt grundsätzlich das Preisrecht der HOAI. Was allerdings an Leistungen zu erbringen ist, bestimmt sich nicht grundsätzlich aus der HOAI. Vielmehr müssen die sogenannten Leistungsbilder der HOAI als Leistungsumfang vereinbart werden, damit sie auch vollumfänglich geschuldet werden. Dies gilt insbesondere für die Bauleitung, denn die HOAI kennt den Begriff der »Bauleitung« nicht, sondern spricht von »Bauüberwachung«. Das muss nicht dasselbe sein und wird von einigen Gerichten auch als nicht identisch gesehen.

Für den Fall, dass Sie sich darüber streiten, was vertraglich von Ihrem Architekten/Planer für das vereinbarte Geld zu leisten ist, sind Sie in der Regel beweispflichtig. Denn oftmals wollen Sie ja mehr für Ihr Geld, als Ihr Architekt/Planer dafür leisten will.

Schon aus diesem Grunde empfiehlt es sich, den Architekten-/Planervertrag schriftlich zu vereinbaren. Darin kann dann auch für die Realisierung des Projekts eine Kostenobergrenze festgeschrieben werden, sodass dem Architekten/Planer deutlich wird, dass Sie kein Interesse daran haben, dass das Projekt oberhalb dieser Gesamtkosten noch realisiert wird. Das bringt für den Architekten/Planer Hinweispflichten mit sich, wenn das Projekt doch teurer werden sollte. Sie hätten dann die Gelegenheit, dies zu stoppen bzw. einen anderen Weg einzuschlagen.

Ohne einen schriftlichen Vertrag hat der Architekt/Planer nur Ansprüche auf die Mindestsätze der HOAI. Will er höhere Sätze mit Ihnen vereinbaren, so muss er dies schriftlich vor Vertragsschluss (d. h. bevor der erste Handschlag für Ihr Projekt getan wird) vereinbaren. Erfolgt die schriftliche Vereinbarung später, hat der Architekt/Planer grundsätzlich ebenfalls nur Anspruch auf die Mindestsätze der HOAI. Allerdings kann sich aus der getroffenen Vereinbarung auch etwas anderes ergeben. Sollten Sie dazu Fragen haben oder bei der Prüfung der Rechnung eines Architekten/Planers unsicher sein, sollten Sie sich fachlichen Rat beim Sachverständigen oder Baurechtsanwalt Ihres Vertrauens holen.

Üblicherweise werden für einen Hausbau derzeit die Leistungsphasen 1 bis 8 der HOAI für die Architektur beauftragt. Diese beinhalten die Leistungen von der sogenannten Grundlagenermittlung bis zur Fertigstellung der Baumaßnahme inklusive Rechnungsprüfung und Verfolgung der bei der Abnahme gerügten Mängel.

Früher wurde auch direkt die Leistungsphase 9 der HOAI mitbeauftragt, sodass auch die Gewährleistungsphase (für alle Mängel, die nach der Abnahme erkannt werden) durch die Architektenleistung abgedeckt war.

Die Beauftragung sämtlicher Leistungsphasen der HOAI für die Architekten wird als Vollarchitektur bezeichnet. Neben der Architektur sind andere Planungen gefragt. Das betrifft z.B. die Haustechnik, die auch bei einem Einfamilienhaus immer mehr zunimmt, oder die Elektroplaner. Der Architekt hat die Aufgabe, diese notwendigen Fachplaner bei Bedarf einzuschalten bzw. Sie darauf hinzuweisen, dass diese zu beauftragen sind und wofür. Daher ist die Architektur nur ein Teil der erforderlichen Planung und bildet sozusagen den Rahmen.

Der Architekt muss in Absprache mit dem Auftraggeber weitere Fachplaner einschalten, wie z.B. für Heizung, Lüftung und Sanitär, wenn er dies für erforderlich hält. Gegebenenfalls muss er auch anraten, einen Gutachter, z.B. einen Bodengutachter, zu beauftragen.

Sind die Leistungsphasen 1 bis 8 der HOAI oder die Vollarchitektur beauftragt worden, schuldet der Architekt/Planer unter anderem eine genehmigungsfähige Entwurfsplanung mit Kostenberechnung unter Berücksichtigung der dem Grundstück eigenen Gegebenheiten, ggf. mit Antrag auf Befreiungen von Vorgaben des Bebauungsplans. Das sind im Groben die Leistungsphasen 1 bis 4 der HOAI.

Der Architekt oder Planer schuldet, wenn vereinbart, eine den allgemein anerkannten Regeln der Technik entsprechende, auf der Baustelle umsetzbare Werk- bzw. Ausführungsplanung mit allen zur Ausführung notwendigen Details sowie den detaillierten Kostenvoranschlag. Das entspricht den Leistungsphasen 5 und 6 der HOAI.

Er schuldet die Koordination der verschiedenen Fachingenieure, Tragwerksplaner, Haustechnikplaner soweit ihre Beteiligung und Mitarbeit zur Erbringung der Maßnahme erforderlich sind bzw. diese Baufachleute beauftragt wurden. Es gehört unter anderem zur Aufgabe des Architekten, die Planungen und Angaben der Fachingenieure zu bündeln und zusammenzuführen. Das gilt grundsätzlich für alle Leistungsphasen der HOAI.

**28**

Treten im Bauablauf Probleme zutage, die die Einschaltung weiterer Fachingenieure erfordern, ist er verpflichtet, Sie, den Bauherrn, entsprechend zu beraten. Das gilt grundsätzlich während seiner gesamten Leistungen.

Der Architekt oder Planer schuldet, wenn vereinbart, die Ausschreibung der Bauleistungen, die Erstellung von Preisspiegeln, die Mitwirkung bei der Vergabe (preis- und fachtechnische Bewertung der Angebote und der Anbieter) sowie die Prüfung der Abschlagsrechnungen und der Schlussrechnungen der einzelnen Handwerker. Das entspricht den Leistungsphasen 5 bis 8 der HOAI.

Er schuldet, wenn vereinbart, die Bauleitung bzw. Bauüberwachung in organisatorischer, ablauftechnischer Hinsicht sowie im Hinblick auf die Einhaltung der Arbeitssicherheit und (für Sie maßgeblich!) der Ausführungsqualität. Er schuldet allerdings keine 24-stündige Anwesenheit auf der Baustelle und muss auch nicht jeder auf Ihrer Baustelle tätigen Person immer und ständig auf die Finger schauen.

Der Architekt bzw. Planer schuldet – gemeinsam mit Ihnen als Bauherrn – die Begleitung und Protokollierung der Abnahmen sowie die Organisation und Kontrolle der zeitnahen Mängelbeseitigung nach Abnahme. Kurz: Er muss dafür Sorge tragen, dass ein weitgehend mangelfreies Bauwerk für Sie »abgeliefert« wird. Das ist grundsätzlich mit der Beauftragung der Leistungsphase 8 der HOAI enthalten.

Er schuldet die besondere Kontrolle kritischer Gewerke oder Teilleistungen, wie z. B. von Bauwerksabdichtung, Dampfsperre, Flachdachabdichtung und ähnlichen besonders überwachungspflichtigen Leistungen. Hierzu bedarf es einer vertieften Fach- und Detailkenntnis und der Bereitschaft, sich mit den Baustoffen und ihrer Verarbeitung auseinanderzusetzen (siehe dazu KAPITEL 3.2 BAUBEGLEITENDE QUALITÄTSKONTROLLE VOR, WÄHREND UND NACH DER BAUPHASE).

Er schuldet umfassende Beratungs- und Kooperationspflichten. Er kann und darf nur dann Erklärungen in Ihrem Namen abgeben, wenn er von Ihnen ausdrücklich dazu bevollmächtigt wurde. Dazu gehören unter anderem auch die Genehmigung und die Anerkenntnis von Taglohn-/Stundenlohnarbeiten.

Er schuldet die Führung eines ausführlichen Bautagebuchs, aus dem sich alle erforderlichen Angaben zu den auf der Baustelle anwesenden Firmen, deren Mitarbeiteranzahl, die durch sie ausgeführten Arbeiten, zu vor Ort getroffenen

Festlegungen und Witterungsbedingungen (Wetter, Außentemperaturen, Innenraumtemperaturen sowie die relativen Luftfeuchten außen und innen) herauslesen lassen.

Der Architekt kann im Rahmen seiner Bauüberwachungsleistungen – sofern beauftragt – gesamtschuldnerisch mit den ausführenden Unternehmen bei einer mangelhaften Ausführung haften, wenn der Mangel bei ordnungsgemäßer Bauüberwachung vermeidbar gewesen wäre und ein Verschulden (Vorsatz oder Fahrlässigkeit) des Architekten vorhanden ist. Er könnte daher unter Umständen, wenn der Handwerker wegen Geschäftsaufgabe oder Insolvenz nicht mehr in der Lage ist, die Mängelbeseitigung durchzuführen oder zu finanzieren, in die alleinige Haftung genommen werden. Das sollte im Einzelfall unter Hinzuziehung einer rechtlichen Beratung geprüft werden.

### 2.5.2 Die Fachingenieure

Sie gehören zu den Sonderfachleuten, die nach Bedarf hinzugezogen werden. Klassischerweise finden sich in dieser Gruppierung der Statiker und Tragwerksplaner, die Haustechnikplaner sowie Planungs- und Ingenieurbüros anderer Fachgebiete. Der Architekt sollte diese koordinieren und ihre Planungen aufeinander abstimmen. Es handelt sich um einzelne Werkvertragsverhältnisse mit dem jeweiligen Planer bzw. Gutachter. Der Erfolg besteht in einer mangelfreien Planung. Die Leistungen der Fachingenieure sind vom Architekten (KAPITEL 2.5.1 DER ARCHITEKT) zu koordinieren und in der Werkplanung zusammenzuführen. Wird von Ihnen kein Architekt beauftragt, sondern erfolgt der Hausbau z.B. durch einen Fertighausbauer (siehe KAPITEL 2.5.3 DER GENERALUNTERNEHMER/-ÜBERNEHMER), so beauftragt dieser oftmals direkt einen Architekten und die weiteren Planer. Ist es an Ihnen, weitere Planer zu beauftragen, so werden Sie in der Regel darauf hingewiesen bzw. steht es im Vertrag.

### 2.5.3 Der Generalunternehmer/-übernehmer

Das Bauen mit einem Generalunternehmer oder -übernehmer ist mittlerweile eine der am häufigsten anzutreffenden Vertragskonstellationen. Sie als Bauherr stellen das Grundstück, das der Generalunternehmer/-übernehmer in Ihrem Auftrag bebauen wird. Der Unterschied zwischen Generalunternehmer und Generalübernehmer liegt darin, dass der Generalunternehmer noch Teile

**30**

der Bauleistung mit eigenem Personal erbringt, während der Generalübernehmer sich auf die administrative Seite der Bauabwicklung einschließlich der Bauleitung konzentriert. Der Generalübernehmer erbringt darüber hinaus auch die vollständige Planung. Wohingegen der Generalunternehmer allenfalls einen Teil der Planung, wie z.B. die Werkplanung, d.h. die Umsetzung der Ausführungsplanung mit den verwandten Produkten übernimmt. Sehr häufig ist die Erbringung der Planungsleistung im Vertrag eingeschlossen. Das Vertragsverhältnis mit dem Generalunternehmer- bzw. -übernehmer ist üblicherweise ein Werkvertrag.

Ein Fertighausbauer ist ein Generalübernehmer bzw. -unternehmer. Denn er plant das Haus für Ihr Grundstück und baut es auf diesem.

**Bauen mit Franchisenehmern**

Es gibt auf dem deutschen Hausanbietermarkt eine ganze Reihe von »Hausmarken« oder »Markenhäusern«, die über Franchisesysteme angeboten werden. Die Häuser, die Vertriebsstrukturen, die Regeldetails bis hin zu den Angebotspreisen sind dabei vom Franchisegeber vorgegeben. Der Bau selbst erfolgt aber auf Rechnung und im Auftrag des regionalen Franchisenehmers, der auch Ihr Vertragspartner ist. Die Systeme, die am Markt angeboten werden, sind grundsätzlich dazu geeignet, qualitativ gute Häuser zu erstellen. Dies gelingt aber nur dann, wenn der Franchisenehmer die notwendige Fachkunde hat und es ihm wichtig ist, gute Qualität abzuliefern. Das kann zur Sollbruchstelle Ihres Bauerlebnisses werden.

### 2.5.4  Der Bauträger

Der Bauträger ist der Grundstückseigentümer. Er verkauft Ihnen ein beplantes und ggf. bereits bebautes Grundstück bzw. einen Teil des Grundstücks oder eine Wohnung. Oftmals ist es so, dass das Objekt verkauft wird, bevor es gebaut worden ist. Der Bauträger kauft ein Grundstück und teilt es in ver-

• • • • • • • • • • • • • • • • • • • • • • • • • • • • • • • • • • • • • • • • • • • • • Die Rollen der am Bau Beteiligten • • • • • • • • • •

31

schiedene kleinere auf oder begründet Wohnungseigentum für den Erwerber, das sich dann in Sonder- und Gemeinschaftseigentum aufteilt. Die Planung wird im Auftrag des Bauträgers erstellt und mehr oder minder unverändert an Sie verkauft. Sie können in der Regel allenfalls in begrenztem Umfang auf die Planung und damit auf die Art und Weise der Ausführung einwirken. ACHTUNG: **In dieser Konstellation sind Sie Käufer!** Sie sind nicht Bauherr, wie in den zuvor beschriebenen Konstellationen. Dies hat den Vorteil, dass Sie keine bauherrentypischen Haftungsrisiken tragen müssen, da diese der Bauträger übernimmt. Allerdings zahlen Sie Grunderwerbssteuer auf das Grundstück samt Bebauung. Der Bauträger hat als Eigentümer das Hausrecht auf der Baustelle. Sie dürfen nicht ohne Weiteres während der Bauausführung die Baustelle betreten. Sie haben während der Bauausführung keine Möglichkeit, den Vertrag wegen Mängeln zu kündigen, wie es hingegen bei einem Vertrag, bei dem die VOB Teil B als Allgemeine Geschäftsbedingung vereinbart wurde, der Fall ist. Sie können allenfalls vom Vertrag insgesamt zurücktreten. Das bedeutet, dass Sie auch kein Eigentümer des Grundstücks oder des Wohnungseigentums werden können. Es ist ein gemischter Vertrag, der einerseits Elemente eines Immobilienkaufvertrags und andererseits hinsichtlich der Erstellung des Objektes/Werkes Elemente des Werkvertragsrechts nach BGB hat. Die VOB Teil B wird aus diesen Gründen auch nicht insgesamt als Allgemeine Geschäftsbedingung vereinbart. Der Vertragsabschluss muss vor einem Notar erfolgen. Das ist die zwingende Formvorschrift aus dem Kaufvertragsrecht über Immobilien. Die Eintragung Ihres Namens ins Grundbuch erfolgt erst nach vollständiger Bezahlung. Diese ist nach kompletter Fertigstellung fällig. In diesem Stadium sind Sie oft schon in das Objekt eingezogen und es sind noch Mängel vorhanden. Nicht immer werden die Mängel vom Bauträger zügig abgearbeitet. Sie würden aber gerne bald als Eigentümer ins Grundbuch eingetragen werden. Das ist das Druckmittel schlechthin, das der Bauträger in der Hand hält. Denn es könnte sein, dass Sie auf die Beseitigung bestimmter Mängel verzichten, damit Sie im Grundbuch eingetragen werden können. Ein Resteinbehalt von 3 bis 5 % der Kaufsumme bei nachweislich vorhandenen Mängeln ist nach aktueller Rechtsprechung jedoch nicht unbedingt ein Grund, die Auflassung, d.h. die Eigentumseintragung, zu verweigern. Geraten Sie in eine solche Situation, lassen Sie sich ggf. rechtlich beraten.

**32**

## 2.5.5 Der Bauleiter

Wie schon in KAPITEL 2.5.1 DER ARCHITEKT vermerkt ist der Bauleiter derjenige, der für die Organisation, den Baustellenablauf, die Einhaltung der vereinbarten Termine und für die Qualität der auf der Baustelle erbrachten Bauleistung verantwortlich ist. Hinzu kommen eventuell weitere Verpflichtungen, wie die Sonderwunschbearbeitung oder die Mitwirkung bei Ausschreibung, Vergabe und Abrechnung. Er sollte verhindern, dass aus kleinen Missverständnissen oder Fehlern große, zeitraubende Schriftwechsel werden.

Beauftragen Sie als Bauherr den Bauleiter, ist es in der Regel Ihr Architekt, der auch die Bauüberwachung übernimmt. Daneben gibt es auch den Bauleiter des ausführenden Unternehmens, der nur die Leistungen überwacht, für die sein Unternehmen beauftragt wurde.

Als Bauleiter eines Generalunter- oder -übernehmers oder eines Bauträgers ist er im Hinblick auf Kosten und Termine in erster Linie seinem Arbeit- oder Auftraggeber verantwortlich. Dort werden verständlicherweise seine Prioritäten liegen. Dementsprechend zeigen sich natürlich die Sichtweise und die Argumentationslinien. Seine Interessenlage muss in diesem Falle nicht mit Ihrer übereinstimmen.

Sie sollten sich daher ggf. überlegen, ob Sie darüber hinaus die Leistungen durch einen von Ihnen beauftragten Bauleiter bzw. Bauüberwacher überwachen lassen.

Kein Bauleiter hat etwas davon, schlechte oder gar mängelbehaftete Handwerksarbeit durchgehen zu lassen; dennoch passiert es immer wieder. Die Argumentationskette reicht von a »absolut keine Zeit« bis z »zu viel zu tun«. Häufig ist das wirklich der Grund, aber ähnlich häufig sind es mangelnde Qualifikation, fehlende Kenntnisse oder leider auch mangelndes Interesse. Wenn Sie über den Generalunternehmer bzw. -übernehmer einen guten, konstruktiv und kooperativ agierenden Bauleiter zugewiesen bekommen haben, freuen Sie sich – doch ohne sich blenden zu lassen. Beachten Sie, dass dieser grundsätzlich nicht unbedingt Interesse hat, für Sie zu arbeiten, sondern zunächst für seinen Arbeitgeber, den Generalunternehmer bzw. -übernehmer.

Ist der Bauleiter von Ihnen direkt beauftragt worden, so sollte dieser unmittelbar in Ihrem Interesse handeln. Manchmal kann sich aber auch da etwas anderes ergeben, wenn der Bauleiter und die ausführenden Firmen häufig sehr eng an vielen Baustellen zusammen arbeiten. In dieser Konstellation könnte sich der Architekt als Bauleiter denken, dass er auf Dauer mehr mit den ausführenden Firmen statt mit Ihnen zusammen arbeitet. Von daher könnte er auch das Interesse haben, sich mit den ausführenden Firmen gut zu stellen. Bitte haben Sie dies im Kopf, wenn Sie das Verhalten des Bauleiters beurteilen bzw. einschätzen wollen.

Auch wenn viele Hausbaufirmen Ihnen etwas anderes glauben machen wollen oder selbst zu glauben scheinen – Bauleitung passiert in erster Linie am Ort des Geschehens, d.h. auf der Baustelle, an den Arbeitsplätzen der Bauausführenden. Bauleitung ist mehr als nur eine Telefontätigkeit, eine mehr oder minder gute Organisation des Bauablaufs oder der Besuch von Baustellen, die an der Hinterkante des Gehwegs enden. Bauleitung ist die Durchsetzung und Sicherstellung der vereinbarten Ausführungsqualität durch eng gestaffelte Kontrollen der Bauausführung in technischer und handwerklicher Hinsicht und in der vertraglich vereinbarten Bauzeit mit festem Übergabetermin.

## 2.5.6 Der SiGeKo

SiGeKo steht für »Sicherheits- und Gesundheitsschutzkoordinator« nach Baustellenverordnung (BauStellVO). In Informations- und Beratungsgesprächen zum Ein- und Zweifamilienhausbau werden diese Verordnung und die damit dem Bauherrn (nicht dem Käufer im Rahmen eines Bauträgervertrags!) obliegenden Verpflichtungen nur selten zur Sprache gebracht. Sie, der Bauherr, sind der Adressat der BauStellVO. Es ist Sache des Investors (des/der Bauherren) und damit Ihre Aufgabe, sich um die Koordination des Arbeits- und Gesundheitsschutzes auf Ihrer Baustelle Gedanken zu machen. Können Sie das mangels entsprechender Fachkenntnisse nicht selbst tun, müssen Sie eine geeignete Person damit beauftragen. Was Sie genau tun müssen, ist bauvorhabenabhängig. Das wissen die Fachleute.

**34**

Sie können mit dieser Aufgabe vertraglich auch das bauausführende Unternehmen beauftragen. Kaufen Sie von einem Bauträger, muss dieser sich um die Bestellung eines SiGeKo kümmern.

Fragen Sie Ihren Hausbaupartner, ob die Notwendigkeit zur Einschaltung eines SiGeKo besteht und ob die sonstigen Pflichten wahrgenommen werden.

# 3 Möglichkeiten der Beratung und Begleitung

Es liegt bei Ihnen, sich ergänzend zu den vorgenannten Rolleninhabern weitere Akteure ins Boot zu holen – Akteure, die Ihre Interessen wahrnehmen und Sie im Hinblick auf die Wahrung Ihrer Interessen beraten.

Der Weg zum eigenen Haus oder Wohneigentum hat viele unterschiedliche Aspekte: Kaufrecht, Werkvertragsrecht, Baurecht, Bauvertragsrecht, Bautechnik, Bauphysik, Baufinanzierung. Für alle diese wichtigen Randgebiete gibt es Spezialisten.

## 3.1 Prüfung der Vertragsunterlagen

Das Lesen von Vertragsunterlagen und Bauverträgen ist eine Kunst für sich. Dem Bauwesen ist, wie in vielen anderen Geschäftsbereichen auch, eine eigene Sprache inne. Viele der verwendeten Begrifflichkeiten basieren auf alten bauhandwerklichen Traditionen und werden heute immer noch verwendet. Hinzu kommt der Einfluss der Ingenieurwissenschaften mit den ihnen eigenen Begrifflichkeiten. Beim Lesen von Verträgen kommt dann noch eine juristische Diktion dazu, die für Nichtjuristen nicht immer verständlich ist. Bei der Prüfung der Vertragsunterlagen ist daher zwischen einer technischen und einer juristischen Vertragsprüfung zu unterscheiden.

Haben Sie das kleine Wörtchen »ist« im vorangegangenen Satz bemerkt? Wird »ist« in dieser Form verwendet, trägt es die Bedeutung des Modalverbs »müssen«. Beim aufmerksamen Lesen dieses Buches sowie in technischen Beschreibungen und Vertragstexten werden Sie viele Passagen mit dieser Formulierung finden.

Die Baubeschreibung und die Vertragsunterlagen sollten vor Vertragsunterzeichnung geprüft werden. Suchen Sie sich dazu fachlichen Rat beim Bausachverständigen Ihres Vertrauens, bei Verbraucherschutzorganisationen für private Bauherren oder bei Rechtsanwälten, in erster Linie bei Fachanwälten für privates Bau- und Architektenrecht, die eine besondere Qualifikation in den für das Bauen wesentlichen Rechtsgebieten haben.

Es kann sinnvoll sein, die bautechnische Prüfung der Vertragsunterlagen zu wiederholen, wenn Ihnen die Werk- und Ausführungsplanung zur Unterschrift vorgelegt werden. Bis dahin können sich Änderungs- oder Sonderwünsche ergeben haben, die in die Planung einfließen sollten/müssen. Auf diese Weise können fehlerhafte Ausführungen auf der Baustelle aufgrund unterschiedlicher Informationsstände der Baubeteiligten von vornherein vermieden werden. Die Werkplanung muss den Inhalt der Baubeschreibung in zeichnerischer Form wiedergeben. In diesen Werk- und Ausführungsplänen sollten alle ausführungsrelevanten Informationen gebündelt werden – zugegebenermaßen handelt es sich um eine Idealvorstellung. Manchmal schleichen sich dabei Diskrepanzen ein, die durch Ihre Unterschrift plötzlich vertragswirksam bzw. vertragsändernd werden können. Hier ist eine gründliche Prüfung vor der Unterschrift unabdingbar. Achten Sie auf die Reihenfolge der angegebenen Vertragsbestandteile, denn sie bestimmt deren Priorität. Auch hat oftmals die Baubeschreibung in Verträgen Vorrang vor der Planung oder sie gilt ohne die Planung. In diesem Fall sollte die Baubeschreibung alles enthalten, was in der Planung auch enthalten ist. Ansonsten ist das, was zusätzlich in den Plänen dargestellt ist, nicht zwingend vertraglich vereinbart.

## Änderungs- und Sonderwünsche

Es ist Ihr gutes Recht im Zuge der gedanklichen Entwicklung und des Hineinwachsens in Ihr Bauprojekt Änderungs- und/oder Sonderwünsche zu äußern. Sie sollten sich dabei bewusst machen, dass derartige Wünsche zum Teil maßgebliche und umfangreiche Änderungen in der Bauausführung zur Folge haben und dementsprechend auch teuer sein können. Klären Sie vorher ab, was diese Sonderwünsche Sie kosten werden. Spielen Sie die Änderungs- und Sonderwünsche über Ihren Generalunternehmer, Ihren Bauträger oder den bauleitenden Architekten ein. So können Sie weitgehend sicher sein, dass die betroffenen Handwerker informiert werden. Wenn dies dann doch nicht erfolgt, ist es das Problem des für die Bauausführung Verantwortlichen. Die Sonderwünsche werden dadurch zwar etwas teurer, denn die Verteilung und Weitergabe der Informationen erzeugen Aufwand und kosten Geld. Es ist aber zumeist immer noch günstiger, als sich anschließend über ein halbes Dutzend andere Firmen ärgern zu müssen, weil diese plötzlich die zum Teil schon erbrachten Bauleistungen auf Stundenlohnnachweis abändern müssen, damit der Sonderwunsch ins Gesamtkunstwerk – Ihr Haus – integrierbar wird.

> Änderungs- und Sonderwünsche sind möglich. Dahin gehende Überlegungen sollten nach Möglichkeit – außer bei akutem Änderungsbedarf, z. B. weil eine Umrüstung wegen plötzlich auftretender schwerwiegender Erkrankung mit dauerhafter Mobilitätseinschränkung notwendig wird – spätestens zum Abschluss der Werkplanung eingestellt werden. Nur so können Ihre Baupartner die Preis- und Terminsicherheit gewährleisten.

Mit der Novellierung des Baurechts, das am 9. März 2017 im Bundestag verabschiedet wurde, räumt der Reformgesetzgeber dem Bauherrn ein sogenanntes **Anordnungsrecht** ein. Bauherren können bei Verträgen, die nach dem 1. Januar 2018 geschlossen werden, Änderungen des bisherigen Bauvertrags durchsetzen. Dies hat eine Anpassung des Werklohns zur Folge. Gerade im Hinblick auf nachträglich geäußerte Sonderwünsche kann diese Novellierung zu sehr komplizierten vertragsrechtlichen Konstellationen führen, weshalb es besser ist, das Bauvorhaben und die Nutzung vorab gut zu durchdenken und sich vor Vertragsabschluss abschließend festzulegen. Üblicherweise bedarf es bei einem Einfamilienhausbau der Ausübung des Anordnungsrechts nicht, es sei denn, die Lebensumstände ändern sich während der Bauzeit so gravierend, sodass bauliche Anpassungen notwendig werden – z. B. durch Krankheit oder Unfall eines Familienmitgliedes.

## 3.2 Baubegleitende Qualitätskontrolle vor, während und nach der Bauphase

Auch wenn es allen Bauausführenden grundsätzlich klar sein sollte, dass sie mangelfreie Bauleistungen und ein mangelfreies Werk abzuliefern haben, zeigt die Erfahrung, dass das nur bedingt funktioniert. Die Zahlen zu Schadenshöhen an einem durchschnittlichen Neubau, die das Bundesbauministerium alle paar Jahre erhebt, zeigen eine stark steigende Tendenz. Mittlerweile ist man für ein neu errichtetes Einfamilienhaus bei den

**40**

bewerteten Baumangelkosten im höheren fünfstelligen Bereich angekommen. Hierbei handelt es sich um einen statistischen Durchschnittswert. Es gibt Häuser, die kaum Mängel haben, dafür gibt es andere – einige davon sieht man in den Dokusoaps im Fernsehen – die alle erdenklichen schwerwiegenden Mängel aufzuweisen scheinen. Angesichts der Vielzahl an Baumängeln scheint Ihr grundsätzliches Anliegen, der Bau einer Wohnstätte, in der Sie mit ihren Familienangehörigen für die nächsten Jahre insbesondere im Hinblick auf Baumängel sorgenfrei leben können, nicht der Realität zu entsprechen.

Das hängt aber nicht nur damit zusammen, dass die Ausführenden immer schlechtere Qualität abliefern, sondern auch damit, dass sich in den letzten Jahrzehnten die verwendeten Baustoffe sehr verändert haben und Einzelgewerke, wie z.B. technische Anlagen, andere Anforderungen haben. Ähnlich wie bei Ärzten gibt es auch am Bau Spezialisten für bestimmte Fachgebiete. Nicht jeder Planer und jedes ausführende Unternehmen kennt alle notwendigen Informationen, die erforderlich sind, um einen mangelfreien Bau grundsätzlich gewährleisten zu können. Hinzu kommt die menschliche Eigenschaft, eigene Fehler und Unkenntnis nur ungern zugeben zu wollen.

Die Einbeziehung eines Bausachverständigen im Rahmen einer baubegleitenden Qualitätskontrolle kann eine gewisse Sicherheit schaffen, um gravierende Mängel zu vermeiden.

Baubegleitende Qualitätskontrollen werden von verschiedenen Verbraucherschutz- und Sachverständigenorganisationen sowie von freien Sachverständigen angeboten.

Der dafür einzusetzende Finanzierungsaufwand liegt bei einem Regelumfang von vier bis sechs Begehungen für ein Einfamilienhaus (EFH) oder einer Doppelhaushälfte (DHH) im Bereich von 1 bis 3 % der Baukosten des Hauses (ohne Grundstück). Grundsätzlich kann Ihnen diese Begleitung Kosten in Höhe von mehreren Tausend Euro für die nachträgliche Mängelbeseitigung und darüber hinaus jede Menge Ärger ersparen. Dies allein dadurch, dass Ausführungsmängel rechtzeitig, d.h. am besten noch vor oder im Zuge der Ausführung erkannt und durch einsichtige Unternehmer beseitigt werden, oder dass eine andere für alle Beteiligten tragbare Lösung gefunden wird.

## Der Bausachverständige als Berater beim Grundstückskauf

Jedes Baugrundstück hat seine spezifischen Eigen- und Besonderheiten – im Positiven wie im Negativen. Ein Bausachverständiger kann diese Eigenheiten abschätzen und zumindest qualitativ im Hinblick auf die Auswirkungen auf Ihr Bauvorhaben hin bewerten.

## Der Bausachverständige in der Planungsphase

Viele Baumängel haben ihren Ursprung bereits im Bauentwurf, d.h. in der ersten konzeptionellen Planungsphase. Hier werden von den Planern und Architekten maßgebliche Festlegungen getroffen, die im weiteren Baugeschehen, d.h. im Zuge der Bauausführung meistens nicht mehr korrigiert oder unschädlich gemacht werden können und quasi zwangsläufig zu Baumängeln führen müssen. Das frühzeitige Einschalten eines Bausachverständigen, der von Berufswegen mit Baumängeln vertraut und sich deren Ursachen bewusst ist, kann bereits im Zuge der Planungsphase viel Mängelpotenzial erkennen und neutralisieren. Dies sogar noch bevor der Bagger das erste Mal auf der Baustelle steht.

## Der Bausachverständige bei der baubegleitenden Qualitätskontrolle

Ein fachkundiger Bausachverständiger verfügt über ein überdurchschnittlich umfassendes Wissen in der Bautechnik, ggf. auch begrenzt auf ein ganz spezielles Fachgebiet. Er ist seinem Gewissen verpflichtet und soll bautechnische Sachverhalte objektiv beurteilen. Das kann auch bedeuten, dass der Sachverständige einen Sachverhalt als technisch richtig und mangelfrei beurteilt, von dem Sie der Meinung sind, er sei mangelhaft, bzw. der Ihnen nicht gefällt.

Durch die baubegleitende Qualitätskontrolle werden gute handwerkliche Qualitätsstandards bei der Bauausführung sichergestellt und beurteilt, ob die Bauleistung mit den vertraglichen Grundlagen übereinstimmt. Die Qualitätskontrollen erfolgen zu bestimmten Bautenständen. Es handelt sich um stichprobenartige Kontrollen, die sich im Regelfall auf mit dem Auge erkennbare, d.h. sichtbare Sachverhalte beschränken.

**42**

Im vereinbarten Leistungsumfang sollten die Kosten für An- und Abfahrt, die Baustellenbegehungen samt Fotodokumentation und die Erstellung von – für den Laien in der Bautechnik, wie Sie es nun einmal sind – verständlichen Begehungsprotokollen mit Handlungsvorschlägen enthalten sein. Manche Sachverständige bieten Pauschalen an, andere rechnen nach tatsächlichem Aufwand ab.

Der Bausachverständige ist Ihr Berater für bautechnische und abwicklungstechnische Belange, er ist kein Rechtsberater.

Er ist, so sagt es die Sachverständigenordnung, unabhängig und objektiv und so sollte er seine Rolle auch ausüben. Das bedeutet Folgendes: Wenn Ihnen als Bauherr etwas nicht gefällt, dieses aber ansonsten technisch richtig ausgeführt ist, kann der Sachverständige nichts anderes feststellen als die Tatsache, dass es in technischer Sicht nichts zu beanstanden gibt. Wenn es dann auch noch die vertraglich vereinbarte Beschaffenheit hat, ist der Sachverständige mit seiner Argumentation am Ende. Es liegt dann kein Mangel vor. Die Diskussion um Geschmack und Gefallen kann und sollte der Bausachverständige nicht führen (müssen). Der Bausachverständige sollte den Vertrag kennen, um beurteilen zu können, ob eine Abweichung vom Vertrag vorliegt. Ist dies der Fall, liegt ein Mangel vor. Ist vertraglich nichts bestimmt, wird die übliche Beschaffenheit, die der Auftragnehmer/Besteller erwarten darf, zugrunde gelegt. Dazu gehören in der Regel die allgemein anerkannten Regeln der Technik.

Der Bausachverständige, der die baubegleitende Qualitätskontrolle durchführt (oder die Organisation, für die er tätig ist), steht in einem werkvertragsrechtlichen Verhältnis zu Ihnen als Auftraggeber, unabhängig davon, ob Sie nun Bauherr oder Käufer sind. Er schuldet den Erfolg der laut Vertrag vereinbarten Kontrollen und Dokumentation. Diese sind selbstverständlich richtig und vollständig zu erbringen: Wichtig: Er schuldet nicht das mangelfreie Bauwerk.

Je nach Art und Umfang der Beauftragungen gehört es in der Regel nicht zu den Aufgaben eines Sachverständigen, der eine baubegleitende Qualitätskontrolle vornimmt, den Bauablauf für den Bauherrn (scheinbar) harmonisch zu gestalten, auch wenn dies von mindestens einer Sachverständigenorganisation so dargestellt wird. Der Bausachverständige soll Sie dabei unterstützen, Ihre Interessen zu wahren und Sie in die Lage versetzen, diese

Interessen deutlich zu machen und durchzusetzen. Dabei setzt er sich mit den Bauausführenden konstruktiv und mit der gebotenen Objektivität und Unabhängigkeit auseinander. Der Bausachverständige ist dabei kein Bauleiter oder Projektmanager, sondern er überprüft grundsätzlich die Qualität der Bauausführung. Er tut dies in dem Umfang, in dem er dazu beauftragt wurde.

Die baubegleitende Qualitätskontrolle ist keine Bauleitung und kann die qualifizierte Bauleitung, die Ihre Hausbaupartner in der Regel schulden, nicht ersetzen.

Da es sich im Regelfall um stichprobenartige Kontrollen zu bestimmten vorher festgelegten Bautenständen handelt, sind Sie als Bauherr und künftiger Eigentümer gefragt, den Bauablauf zwischen den vereinbarten Begehungsterminen zu beobachten und ausführlich zu dokumentieren. (Zur Baudokumentation und zum »Bauherrlichen« Bautagebuch lesen Sie mehr in KAPITEL 14.2.)

Informieren Sie Ihre Baupartner und den Bauträger frühzeitig darüber, dass Sie eine baubegleitende Qualitätskontrolle beauftragt haben. Schon die Ankündigung kann die Sorgfalt der Beteiligten und die Ausführungsqualität verbessern.

Baupartner, die bestimmte Sachverständigenorganisationen oder namentlich benannte Sachverständige vertraglich ausschließen wollen oder die Vertragsannahme von einem erklärten Verzicht auf die Einschaltung eines Sachverständigen abhängig machen, sollten Sie mit größtem Misstrauen begegnen. Es ist zu befürchten, dass diese etwas zu verbergen haben oder derart fragwürdige Leistungen abliefern, dass es für die Bauleitung und das Unternehmen zu überaus lästigen und langwierigen Diskussionen kommt. Der erklärte Verzicht soll lediglich die Diskussionen verhindern, besser wird die Qualität der Bauleistungen dadurch aber nicht.

## 3.3 Die Rechtsberatung vor, während und nach der Bauphase

Sie sind nur mit dem Planen und Bauen beschäftigt und haben Streiten nicht im Sinn. Ebenso haben Sie einen für Sie vertrauensvollen Partner gewählt und vertrauen darauf, dass dieser sein Handwerk versteht und alles am Ende so wird, wie Sie es sich vorgestellt haben. Daher fragen Sie sich vielleicht, warum Sie eine rechtliche Beratung vor, während und nach der Bauphase benötigen könnten.

Der Grund dafür ist, dass der Vertrag zwar äußerlich in einer für Sie verständlichen Sprache verfasst ist, die vertragsrechtliche Bedeutung dieser Worte allerdings eine andere sein kann als die umgangssprachliche.

Es empfiehlt sich, vor Beauftragung sowohl den Vertrag aus technischer als auch aus juristischer Sicht prüfen zu lassen. Ein Jurist kann Sie auf sinnvolle Vertragsinhalte aufmerksam machen, an die Sie unter Umständen bis dahin gar nicht gedacht haben. Das könnte zum Beispiel eine Verlängerung der Gewährleistung oder preisliche Obergrenze für den Vertrag sein.

Geprüft werden sollten nicht nur Verträge mit den ausführenden Unternehmen, sondern auch die mit den Planern, sofern Sie einen oder mehrere gesondert beauftragen, außerdem der Vertrag mit dem Bausachverständigen.

Ein Vertrag besteht in der Regel aus individuell vereinbarten Regelungen, aber auch aus den sogenannten Allgemeinen Geschäftsbedingungen (AGB), d. h. Klauseln, die für eine Vielzahl von Verträgen vorgesehen sind. Diese Klauseln können von Gesetzes wegen unwirksam sein.

Die Vergabe- und Vertragsordnung (VOB Teil B) ist eine solche AGB. Wie jede AGB muss diese bei Vertragsschluss vereinbart werden. Dazu muss sie dem anderen zur Kenntnis vorgelegt worden sein. Derjenige, der die VOB Teil B verwendet und zur Kenntnis gebracht hat, kann sich später nicht auf die Unwirksamkeit einzelner Klauseln berufen. Das wird oft übersehen. Vereinbaren Sie die VOB Teil B als Bauherr mit Ihrem Unternehmer, können Sie sich auf die Unwirksamkeit einzelner Klauseln dann nicht berufen; Ihr Unternehmer schon.

Daher empfiehlt es sich, bereits den Vertragsentwurf von einem Juristen prüfen zu lassen. Oftmals kann dieser Sie auf Fragestellungen hinweisen, die Sie bisher nicht so sehr im Fokus hatten. Dadurch wird Ihr Projekt besser planbar und damit handhabbar.

Während der Planungs- und/oder Bauphase können Schwierigkeiten auftreten, sodass Sie sich fragen, welche Ansprüche Sie geltend machen können und wie Sie diese sinnvoll durchsetzen können. In diesem Stadium ist es sinnvoll, einen Juristen einzuschalten, der sich mit dieser Materie gut auskennt. Denn gerade in dieser Phase kann noch so eingegriffen werden, dass kostenträchtige Fehler vermieden werden können. Es kann auch noch überlegt werden, wie Sie damit umgehen, wenn sich die Bauzeit verändert.

Möglicherweise ist es sinnvoll, Vorbehalte zu formulieren, damit Sie die Lösung oder Beantwortung einiger Fragestellungen an das Ende der Baumaßnahme stellen können. Vorbehalte sollten ggf. hinsichtlich der Bauzeit erklärt werden, wenn Sie meinen, dass die Verzögerung im Verantwortungsbereich des ausführenden Unternehmens liegt. Ein üblicher Vorbehalt ist, dass man den Verzug bei dem Auftragnehmer sehe, aber gleichwohl kulanterweise unter dem Vorbehalt der Rückzahlung einen Abschlag leiste. Auch können sogenannte Nachtragsleistungen (Leistungsänderungen) unter dem Vorbehalt beauftragt werden, dass geprüft wird, ob diese nicht bereits im ursprünglichen Vertrag enthalten sind. Eine Beauftragung dem Grunde nach und damit unter dem Vorbehalt der Beauftragung des Preises gab es im BGB bisher nicht. Für ab dem 01.01.2018 geschlossene Verträge hat der Auftraggeber ein Anordnungsrecht, ohne dass der Preis direkt vereinbart werden muss. Allerdings hat der Unternehmer im Gegenzug das Recht, eine Rechnung über 80 % des angebotenen Preises des Nachtragsangebots in Rechnung zu stellen. Wollen Sie sich vorläufig über einen Preis einigen, dann sollte diese Vereinbarung so formuliert werden. Sollte unklar sein, ob die geänderte Leistung nicht bereits im ursprünglichen Auftrag enthalten war, so können Sie den Vorbehalt so formulieren, dass Sie beauftragen vorbehaltlich der Überprüfung, ob diese Leistung nicht bereits beauftragt ist. Eine bereits beauftragte Leistung können Sie nämlich grundsätzlich nicht noch einmal beauftragen.

Bei der Frage, welche Bedeutung die Abnahme hat und wie damit umgegangen werden kann, kann ebenso eine rechtliche Beratung mehr als sinnvoll sein. Denn es geht gerade darum, welche Mängel wie zu dokumentieren und geltend zu machen sind und ob sich die Geltendmachung einer Vertragsstrafe vorbehalten werden sollte (zur Bauabnahme lesen Sie mehr in KAPITEL 16.1 DIE ABNAHME).

**46**

Sollte die Baumaßnahme abgeschlossen sein, geht es oft um die Frage, wie hoch die tatsächliche Vergütung der am Bau Beteiligten ist und wie man sich einigen kann. Auch in diesem Stadium ist eine juristische Begleitung sehr anzuraten, gerade wenn es um die Formulierung von Vereinbarungen über die Beseitigung von Mängeln geht.

## 3.4 Der Finanzierungsberater

Die Finanzierung eines Bauvorhabens ist ebenfalls eine Kunst, die man den Fachleuten überlassen sollte. Nicht immer ist die Hausbank der beste und günstigste Darlehensgeber; sinnvoll ist, sich mehrere Angebote einzuholen, denn dies kann sich über die vielen Jahre der Darlehensrückzahlung im fünfstelligen Bereich rechnen.

Stricken Sie Ihre Immobilienfinanzierung schon aus eigenem Interesse nicht mit»heißer Nadel«. Lassen Sie sich finanzielle Spielräume und sichern Sie sich gegen die beim Bau-/Immobilienerwerb auftretenden Rechts- und Haftungsrisiken ab.

# 4 Grundsatzüberlegungen zum Immobilienerwerb

Sie wollen Eigentümer einer Immobilie werden. Ein guter, aber auch ein investitionsintensiver Gedanke. In Anbetracht der reinen Investitionssumme lohnt es sich, sich grundsätzlich mit den zahlreichen Aspekten des Hausbaus auseinanderzusetzen. Die nachfolgend dargestellten Grundsatzüberlegungen sollten Sie angestellt haben, bevor Sie den ersten Kontakt zu möglichen Hausbaupartnern aufgenommen haben.

## 4.1    Wo wollen Sie bauen?

In Stadtnähe und in städtischen Umlandgemeinden sind die Grundstückspreise deutlich, teilweise um ein Mehrfaches höher als in ländlichen Gegenden. Dafür genießen Sie in Stadtnähe zumeist die Annehmlichkeiten einer guten Nahverkehrsanbindung, einer guten Infrastruktur und eines umfassenden Schul- und Bildungsangebots für den Nachwuchs. Die preiswerten Grundstücke in den weniger erschlossenen ländlichen Gegenden führen zu deutlich höheren Mobilitätskosten. Sie müssen zumeist längere Anfahrten zu Arbeitsstellen, zu Schul- und Bildungseinrichtungen, zu Kultur- und Freizeitangeboten in Kauf nehmen. Diese Mobilitätskosten erreichen über Jahre und Jahrzehnte des Wohnens hochgerechnet beachtliche Größenordnungen.

## 4.2    Was wollen Sie bauen?

Möchten Sie ein frei stehendes Einfamilienhaus, eine Doppelhaushälfte oder ein Reihenhaus bauen? Je nach Grundstück gibt das im Wesentlichen schon der Bebauungsplan vor.

Für ein frei stehendes Einfamilienhaus wird ein größeres Grundstück benötigt, da allseitig Grenzabstände einzuhalten sind. Doppelhaushälften (DHH) und Reihenendhäuser (REH) haben in etwa gleichrangige Ansprüche an die Grundstücksgröße, Reihenmittelhäuser (RMH) kommen mit vergleichsweise kleinen Grundstücken aus. Hinzu kommen zumindest beim

**50**

Reihenmittelhaus Flächen für Nebengebäude (Garage, Carport oder Kfz-Stell-plätze). Bei Doppelhaushälften und Reihenhäusern haben Sie mindestens einen unmittelbaren Nachbarn mit dem Sie Wand an Wand wohnen, den Sie bei geöffnetem Fenster hören und der ähnlich wie Sie die Sommerabende auf seiner Terrasse verbringen möchte. Da sollte auch die Chemie zwischen den Nachbarn und Ihnen stimmen, ansonsten kann das Wohnglück bald nachlassen.

## 4.3 Bauen in schwerer oder leichter Bauart?

Die schwere Bauart bedeutet, dass ein Haus aus Mauerwerk und Beton gebaut wird, bei der leichten Bauart wird in Holzbauweise gebaut.

**Bild 1** Schwere Bauart – hier mit porosierten Ziegeln als Wandbildner

**Bild 2** Schwere Bauart – hier mit Porenbetonmauerwerk als Wandbildner

**Bild 3** Schwere Bauart – hier mit Betonfertigteilen als Wandbildner

**Bild 4** Leichte Bauart in Holzständerbauweise – hier Fertighaus als Ausbauhaus. Der Einbau der Wärmedämmung erfolgt durch den Bauherrn.

**52**

Bei Verwendung hochwertiger Baumaterialien, bei handwerklich sorgfältiger Ausführung und entsprechender Wartung und Pflege stehen sich beide Ausführungen grundsätzlich in nichts nach. Hier entscheidet die persönliche Vorliebe für eine bestimmte Bauweise. Preislich können sich durchaus deutliche Unterschiede ergeben.

Bei Fertighäusern, die es für beide Varianten gibt, erfordert die Vorfertigung im Werk eine frühzeitige Festlegung der Raumaufteilung sowie der Türen- und Fensteranordnung. Änderungen sind ab einem bestimmten Zeitpunkt, den Ihnen der Haushersteller angeben muss, nicht mehr oder nur noch schwer und gegen hohe Aufpreiszahlungen möglich.

Bei vorgefertigten Bauweisen (Fertighäusern) oder Typenhäusern (planerisch vorkonfektionierte Standardhäuser mit Grundrissvorgaben), die es von vielen Hausanbietern gibt, können individuell gewünschte Abweichungen von Standardausführungen zudem zu hohen Zusatzkosten führen.

## 4.4 Grundrissgestaltung und Geschossigkeit – schon in der Planung an die Zukunft denken

Zum Thema Grundrissgestaltung haben sich bereits Generationen von Architekten und Bauphilosophen geäußert. Ob großzügig und offen oder eher kleinräumig entscheiden die persönlichen Vorlieben. Die nachfolgenden Kapitel sollen einige grundsätzliche Anregungen geben.

### 4.4.1 Altersgerechtes Umbauen als Grundlagengedanke

Die Grundrissaufteilung entscheidet über die zukünftige Nutzbarkeit im Krankheitsfall und im Alter. Vorteilhaft für das Alter ist es in der Regel, wenn der Grundriss so gestaltet ist, dass alle Wohnräume für Sie und Ihren Partner auf einer Ebene liegen, also Küche sowie Wohn-, Schlaf- und Sanitärräume. Schon ein vergleichsweise unkomplizierter Beinbruch macht deutlich, welches Hindernis eine Treppe darstellen kann. Daher kann es sinnvoll sein, schon bei den Grundsatzüberlegungen zum noch nicht altersgerechten Bau über einfach zu realisierende Umbaumöglichkeiten nachzudenken.

Das altersgerechte Wohnen auf einer Ebene ist in typischen Reihenhaus-zuschnitten in der Regel nicht umsetzbar. Dort ist es günstig, wenn sich Mobilitätshilfen, z. B. Treppenlifte, integrieren lassen. Hauseingangstür und Zimmertüren sollten breit genug sein, um mit den üblichen alters- oder krankheitsgerechten Mobilitätshilfen, z. B. Rollator oder Rollstuhl, genutzt werden zu können. Die Benutzung derartiger Mobilitätshilfen sollte auch bei der Planung von Bad und WC berücksichtigt werden. Dies erfordert grö-ßere Bewegungsflächen vor den Sanitärobjekten als in nicht altersgerechten Standardplanungen üblich.

Die altersgerechte Nutzbarkeit eines Hauses oder einer Wohnung gehört heute noch immer nicht zum Planungsstandard. Haus- und Grundrisszuschnitte werden geplant, als ob es altersbedingte Ein-schränkungen der Beweglichkeit und Mobilität nicht gäbe. Sie müssen die altersgerechte Nutzbarkeit gesondert vereinbaren. Die richtige Planung bildet die Grundlage für ein in die Zukunft und damit auf das Älterwerden ausgerichtetes Wohnkonzept. Nicht alles muss sofort umgesetzt werden, aber entsprechende Umbauten oder Umrüstungen sollten ohne größeren Aufwand durchführbar sein.

Die Zugänglichkeit bei erhöhtem Sockel kann durch Anordnung einer Rampe vor der Eingangstür erreicht werden. Der Wunsch nach einer barrierefreien Zugänglichkeit zu Terrasse und Garten kollidiert mit der Notwendigkeit, diese nahezu schwellenlosen Übergänge gegen Schlagregenbelastung und Wasseraufstau abzu-dichten.

Schwellenlose Übergänge zwischen dem Wohnbereich und Ter-rasse oder Balkon sind immer problematisch. Fensterdichtungen unterliegen einem nutzungsbedingten Verschleiß. Dauerhaft schlagregendichte Übergänge sind rein über die Fenstertechno-logie (Rahmen, Dichtungen, Beschläge) noch nicht dauerhaft herstellbar. Um hier größtmögliche Sicherheit zu erzielen, sind Überdachungen, Windschutzwände und regelmäßige Wartung und Instandhaltung unverzichtbar.

**54**

### 4.4.2 Reduzierung der selbst genutzten Wohnfläche als Möglichkeit für eine spätere Vermietung

Ähnlich verhält es sich, wenn Sie die Flächen, die Sie nutzen, verändern wollen und ggf. später einen Teil des Hauses vermieten wollen. Diese Option kann für Sie langfristig interessant werden, wenn sich die Anzahl der wohnansässigen Familienmitglieder durch Auszug der erwachsen gewordenen Kinder oder durch Trennung vom Lebenspartner verändert. Derartige Überlegungen können und sollten ggf. bei der Planung Berücksichtigung finden.

Eine von vornherein geschickt gewählte Grundrissaufteilung mit einem im Eingangsbereich liegenden abtrennbaren Treppenhaus kann es Ihnen ohne größeren Aufwand ermöglichen, Teile des Hauses als eigenständige Wohneinheit zu vermieten.

 Wer mit dem Gedanken an eine spätere Aufteilbarkeit liebäugelt, sollte die erforderlichen Grundlagen für eine Teilbarkeit schon bei der Planung und natürlich beim Bau berücksichtigen. Hierbei sind Erfordernisse im Hinblick auf den Schallschutz und den Brandschutz zu beachten, außerdem sollten getrennte Verbrauchszählungen für Strom, Wasser und Wärmeverbrauch möglich sein bzw. sollte die einfache Nachrüstung in der Grundinstallation bereits berücksichtigt werden.

## 4.5 Kostengünstig bauen

Geht das überhaupt? JEIN! Das Bauen ist durch allerlei gesetzliche und normative Vorgaben reglementiert. Bebauungspläne, Anforderungen an die Standsicherheit und die Gebäudeenergetik machen das Bauen zu einem kostenintensiven Unterfangen. Dennoch liegt es an grundsätzlichen Entscheidungen, wie viel ein Haus für eine Familie kostet.

Das Plumpsklo im Bretterverschlag neben dem Schweine- oder Hühnerstall gehört – außer im alpenländischen Postkartenidyll – endgültig der Vergangenheit an. Es gibt grundlegende Standards, nach denen hierzulande gebaut werden soll. Jedes Eigenheim hat eine Küche, ein Bad, in der Regel einen Wohnraum, einen oder mehrere Schlafräume und einen meist separierten Bereich zur Einbringung der Hausanschlüsse. Diese Räume müssen unabhängig von der Größe des Hauses geplant werden. Für diese Grundausstattung, die als heutiger Standard bezeichnet werden kann, ist ein Sockelbetrag anzusetzen.

Jedes zusätzliche Bad oder Duschbad schlägt mit Installationen, Wand- und Bodenbelägen sowie Ausstattungsgegenständen mit fünfstelligen Investitionsbeträgen zu Buche.

## 4.5.1    Konstruktive Einsparmöglichkeiten

Im Folgenden werden verschiedene Aspekte der Bauplanung aufgezeigt, die zu erheblichen Kosteneinsparungen beitragen können. Um die Kosten geringer zu halten, sollten die Punkte Maßordnung, Raumhöhen und Winkel sowie Fensterflächen und Balkone überdacht werden.

**Maßordnung:** Als Planungsgrundmaß hat sich im Massivbau der Achtelmeter, also eine Einheit von 12,5 cm Länge etabliert. Dieses Grundmaß gilt in der Waagerechten ebenso wie in der Senkrechten, wobei in der Senkrechten eine etwa 2 cm hohe Kimmschicht hinzukommt (Mörtelkimme auf der Betondecke unter der ersten Steinlage). Wird mit diesem Höhenraster *n · 12,5 cm + Kimmschichtstärke* gearbeitet, ist es nicht erforderlich, Steine aus Gründen der Höhenanpassung zu sägen. Auch im Grundriss macht es sich bemerkbar, ob Öffnungen im Mauerwerk unter Beachtung dieses Rasters geplant wurden. Auch hierbei entfällt ein Großteil von Säge- oder Schneidarbeiten an den Mauersteinen.

Beim Holzständerbau richtet sich die Maßordnung nach dem Konstruktionsraster des Hausanbieters und ist je nach Holzdimensionen für Ständer und Riegel unterschiedlich. Wer nach Maßordnung oder Systemraster plant, baut in der Regel kostengünstig!

**Nicht rechtwinklige Ecken:** Die kostengünstigste Eckausbildung ist die rechtwinklige. Schräge Ecken kosten wegen der erheblich aufwendigeren Schneid- und Sägearbeiten zusätzlich Geld. Leider gibt es viele Planungen, die vermuten lassen, dass der rechte Winkel verboten worden sei. Je nach Grundstückszuschnitt und möglicher Hausgröße kann eine schrägwinklige Ausbildung geboten sein.

**56**

Auch zusätzliche **Raumhöhe** kostet Geld. Hohe Räume wirken großzügiger als Räume, deren Raumhöhe sich an den Mindestanforderungen der jeweiligen Landesbauordnung orientiert. Neben den reinen Erstellungskosten, die sich aus mehr Wand-, Putz- und Fassadenflächen sowie Treppenabmessungen ergeben, muss das Überkopfvolumen auch beheizt werden. Nicht umsonst haben unsere Vorfahren ihre Behausungen niedrig gehalten. Das war deren Königsweg zum energieeffizienten Bauen.

**Natürliche Belichtung:** Nach den geltenden Landesbauordnungen muss die Fensterfläche eines Aufenthaltsraums mindestens 10 % der Wohnfläche betragen. Heutige Architekturkonzepte gehen deutlich über diese Mindestanforderung hinaus in Richtung 20 bis 30 %. Doch machen wir uns nichts vor: Fenster kosten je m² Fensterfläche ein Mehrfaches dessen, was 1 m² reguläre Außenwand kostet. Hinzu kommen zusätzliche Investitionen in die Konstruktion zur Lastabtragung wie Stürze und Unterzüge, in Rollladen oder sonstige Jalousetten. Dabei sind die Nutzungskosten aufgrund der schlechteren energetischen Eigenschaften der Fenster noch gar nicht berücksichtigt: Auch ein modernes Fenster mit 3-Scheiben-Isolierverglasung hat noch immer einen deutlich schlechteren U-Wert als die normale Außenwand an selbiger Stelle. Große Fensterflächen bedeuten große Energieverluste sowie hohe Nutzungskosten.

Können solare Energiegewinne über die Fenster erzielt werden? Im Sommer ist ein zusätzlicher Wärmeeintrag ins Haus nicht gewünscht und im Winter findet dieser Eintrag nur in den Räumlichkeiten statt, in die die Sonne tatsächlich hineinscheint. In den Übergangszeiten verkomplizieren die solaren Energiegewinne grundsätzlich das Handling der haustechnischen Anlagen, die im Hinblick auf die Regelung und Temperaturanpassung sehr träge reagieren. Sind Flächenheizsysteme, z. B. Fußbodenheizungen, erst einmal warm, benötigen sie mehrere Stunden, bis die Temperatur wieder abgenommen hat. Wärmegewinne bei Sonneneinstrahlung können nicht genutzt werden, weil die überschüssige Wärme durch Lüften abgeführt werden muss. Zeitnah reagierende Steuerungselemente oder vorausschauende Steuerungen sind in den heute noch immer üblichen Low-cost-Regelsystemen nicht enthalten. Hier besteht noch erheblicher Entwicklungsbedarf. Berücksichtigen Sie bei den Überlegungen, wofür Sie Ihr Geld ausgeben möchten.

**Balkone** sind bei Einfamilienhäusern die teuersten Bauteile überhaupt: Während ein Balkon im Geschosswohnungsbau heute ein unverzichtbarer Grundrissbestandteil ist, stellt er beim Einfamilienhaus mit unmittelbar angrenzendem Garten einen Luxusartikel dar. Bei einer typischen Balkonorientierung nach Süden oder Westen ist er über die Sommermonate hinweg aufgrund der Sonneneinstrahlung nicht (komfortabel) benutzbar. Neben den reinen Investitionskosten, die für einen Balkon üblicher Größe durchaus im fünfstelligen Bereich liegen, kommen die Kosten für Wartung und Instandhaltung des Balkons dazu. Gemessen an der Nutzung des Balkons sind das hohe Kosten. Zum Auslüften von Bettdecken und Kissen gibt es deutlich kostengünstigere Möglichkeiten.

Planerische Festlegungen, die grundsätzlich kostensteigernd wirken, sind neben den bereits erwähnten Faktoren auch Höhenversätze in der Deckenebene, bis zum First ausgebaute Dachgeschosse und schräge oder abgerundete Fenster.

Design kostet Geld, das gilt auch für Wohngebäude – insbesondere dann, wenn Design und Funktionalität zusammentreffen sollen.

## 4.5.2 Ausbauhaus oder schlüsselfertig – die Eigenleistungen

Das Erbringen von Eigenleistungen ist eine gern gewählte Variante, um Baukosten zu sparen. Verschiedene Haushersteller und Bauträger bieten spezielle Ausbauhausmodelle an, bei denen der Bauherr Ausbauleistungen in größerem Umfang selbst erbringt. Manche liefern die Materialien, die dazu benötigt werden, noch auf die Baustelle; bei anderen muss der Bauherr alles selbst beim Baustoffhändler oder im Baumarkt kaufen.

Doch seien Sie gewarnt: Diese Geldersparnis gibt es nicht für »lau«, Eigenleistungen kosten Zeit, Schweiß, Blut und Tränen und einige Nachteile in der vertraglichen Situation. An ihnen können Freundschaften, gute verwandtschaftliche Beziehungen und Ihre Lebenspartnerschaft zerbrechen. Darum bitte sorgfältig abwägen, was man sich und seiner Umgebung zumuten möchte und zumuten kann.

**58**

Freunde und Verwandte sind – Bauen kann ja schließlich jeder – zumeist anfänglich mit Feuereifer bei der Sache. Bauen wird zum familiären Großereignis. Doch was, wenn die Fliesen, die der Bruder, Neffe, Cousin oder Fußballkumpel verlegt hat, sich nach wenigen Tagen oder Wochen aus ihrem Klebebett lösen, Tapeten wieder von der Wand fallen, Wasser- und Heizungsleitungen sich in den Fußbodenaufbau entleeren, oder – auch das kommt vor – das Ganze so ganz und gar nicht Ihren gestalterischen Ansprüchen genügt? Was vermeintlich jeder kann, birgt jede Menge Konfliktpotenzial.

An der Weisheit, dass man mit Verwandten und Freunden nicht bauen sollte, ist etwas Wahres dran. Der zweite Gesichtspunkt im Hinblick auf Nachbarschaftshilfe ist das »Hilfst du mir, helf ich dir«-Prinzip. Die anderen wollen auch bauen oder umbauen, d.h., dass viele andere Baustellen neben Ihrer eigenen auf Ihren Beitrag an Arbeitszeitbereitstellung warten.

Bitte berücksichtigen Sie auch die Möglichkeiten eines Arbeitsunfalls auf Ihrer Baustelle und die sich daraus ergebenden Folgen.

Bei den Überlegungen zum Thema Eigenleistungen spielen viele Aspekte vom Zeitaufwand über die eigenen Fähigkeiten bis hin zu Haftungsfragen eine Rolle, die im Folgenden näher erläutert werden.

### Zeit

Um 100 Euro durch Eigenleistungen einzusparen, müssen Sie ungefähr 3 bis 3,5 Stunden auf der Baustelle schuften. Je nach Einsparungsziel werden daraus schnell mehrere Hundert Stunden. Überlegen Sie bitte sehr genau, innerhalb welchen Lebenszeitanteils Sie diese Stunden leisten wollen. Während der regulären Arbeitszeit können Sie dies nicht leisten. Somit bleiben die Feierabende, die Wochenenden, Feiertage und Teile des Jahresurlaubs. Zeiten, die bislang der Familie, der Erholung, dem gesellschaftlichen Engagement, dem Sport gehörten. Hinzu kommen die Fahrzeiten zur und von der Baustelle, die Zeiten für den Materialeinkauf – und für die große Leidenschaft vorwiegend männlicher Eigenleistungserbringer: der samstägliche Werkzeugkauf im Baumarkt Ihres Vertrauens. Da sind schon mal halbe Samstage weg, ohne dass etwas geschafft werden konnte.

Wie lange können Sie, ohne an beruflicher Effizienz zu verlieren – das mögen Arbeitgeber nun überhaupt nicht –, nach Feierabend auf der Baustelle tätig sein? Die für typische Schreibtischtäter ungewohnten körperlichen Anstrengungen fordern auch erhöhten Erholungsbedarf. Bei zwei bis drei Stunden pro Arbeitstag dürfte das allgemein übliche Maß liegen, d.h. für 100 Stunden Eigenleistung werden 30 bis 50 Kalendertage gebraucht.

## Geld

Sie sparen, darauf soll an dieser Stelle ausdrücklich hingewiesen werden, nur die Lohnkosten ein. Von der vorhin erwähnten Ersparnis von 100 Euro durch Eigenleistungen gehen auf jeden Fall die Materialkosten ab. Das Material, das Sie für die Eigenleistungen benötigen, kostet Geld – oftmals sogar deutlich mehr Geld, als Sie durch die Eigenleistungen einsparen. Nicht immer sind Baumarktschnäppchen wirklich erste Wahl. Gute Baustoffe und gute Baumaterialien sind teuer. Wer billig kauft, sollte sich nicht wundern, wenn dann fast die doppelte Menge bspw. an Wandfarbe benötigt wird, um die Wände in strahlendem Weiß erscheinen zu lassen. Die reale Ersparnis unter diesen Gesichtspunkten sollte mit ganz spitzem Bleistift kalkuliert werden. Ihr Hausbaupartner und seine Nachunternehmer können in der Regel bessere Preise als Sie erzielen, weil sie diese Materialien ständig verarbeiten und in großen Mengen ordern. Deshalb muss es nicht immer preislich günstiger sein, etwas in Eigenleistung auszuführen. Ihr Hausbaupartner muss Ihnen nur vergüten, was er sich tatsächlich an Ausgaben erspart. Sie wären überrascht, wenn Sie erfahren würden, wie günstig verschiedene Bauleistungen (Arbeitszeit und Material) nachweislich angeboten werden.

## Handwerkliches Geschick

Sie und Ihre Helfer sollten handwerklich geschickt und im Umgang mit den erforderlichen Kleinmaschinen geübt sein. Wer von sich behauptet »Ich habe zwei linke Hände!« sollte im ureigensten Interesse besser keine Eigenleistungen am eigenen Haus erbringen. Denn dabei besteht die Gefahr, dass das Ergebnis am Ende doch nicht funktioniert oder nicht so aussieht, wie Sie es sich wünschen.

## Wissen und Fachkenntnis

Neben den unabdingbaren handwerklichen Fähigkeiten werden in jedem Gewerk grundlegende Fachkenntnisse um das Wie und Warum benötigt. Als Laie auf diesem Gebiet kennen Sie auch nicht unbedingt alle anerkannten Regeln der Technik, deren Einhaltung sich empfiehlt bzw. teilweise bauordnungsrechtlich erforderlich ist.

Sind diese Kenntnisse nicht vorhanden, ist die Wahrscheinlichkeit, grundlegende und ggf. folgenschwere Fehler zu machen, deutlich erhöht. Eine mängelbehaftete Eigenleistung hat im Hinblick auf die Nutzung die gleichen unerfreulichen Auswirkungen wie eine mängelbehaftete handwerkliche Leistung ihres Vertragspartners. Der maßgebliche Unterschied: Sie haben für Eigenleistungen keine Gewährleistungsansprüche gegenüber Ihrem Hausbaupartner. Anfallende Kosten für die Mängelbeseitigung und Mangelfolgen gehen zu Ihren Lasten.

## Bauablauf

Je nachdem, welche Eigenleistungen Sie erbringen, müssen sich diese in den vorgegebenen Bauablauf einpassen, d. h. sie können nicht irgendwann erbracht werden, sondern können erst ab einem bestimmten Tag beginnen und müssen (!) zu einem bestimmten Stichtag fertig sein. Anderenfalls blockieren Sie die Gesamtfertigstellung Ihres Hauses, weil es zu Bauverzögerungen kommt, die zusätzlich Geld kosten.

Wenn Sie sich dafür entscheiden, Eigenleistungen zu erbringen, sollten Sie mit Ihrem Hausbaupartner oder Ihren Auftragnehmern klären, ob und in welchem Umfang dies möglich ist und ob dadurch zeitliche Verzögerungen eintreten können.

Insbesondere Bauträger lassen nur solche Eigenleistungen zu, die am Ende der Baumaßnahme liegen, damit keine Schnittstellenproblematiken und keine unklärbaren Haftungsfragen auftauchen können. Dies sicherlich auch vor dem Hintergrund, dass der Bauträger, bis Sie im Grundbuch eingetragen sind, Eigentümer des Grundstücks ist.

## Vertragsrechtliche Konsequenzen

Je nach Art und Umfang des Eigenleistungspakets schränken die Eigenleistungen den Gewährleistungsumfang Ihrer Hausbaupartner deutlich ein. Daraus können Ihnen erhebliche vertragsrechtliche und wirtschaftliche Nachteile erwachsen. Derjenige, der die Leistung gewerblich erbringt, bürgt für die richtige Ausführung und die Mängelfreiheit seiner Leistungen und haftet – bei mangelhafter Ausführung – für mögliche Folgeschäden. Der eigenleistende Bauherr kann sich nur selbst auf Mängelbeseitigung und Schadensersatz in Anspruch nehmen. Gegenüber Familienmitgliedern und Freunden, die Sie aus Gefälligkeit unterstützen, werden im Regelfall keine Ansprüche geltend gemacht. Bestenfalls kann sich die Baufamilie mit einem bedingt suboptimalen Ergebnis von manchen Ausführungen arrangieren. Vielleicht kommt man mit einer Teilnachbesserung hin, oder man muss manche Dinge, wenn es dumm läuft, auch nochmals ganz neu machen. Auch wenn andere Leistungen in Mitleidenschaft gezogen werden, weil z. B. bei selbst verlegten oder abgeänderten Wasser- oder Heizungsleitungen ein Wasserschaden eintritt und der teuer bezahlte Parkettboden Schaden nimmt, zahlt das der Eigenleister aus eigener Tasche. In dem Fall erweist sich das Baugeldsparschwein als echtes Geldgrab.

## Abnahme von Vorleistungen

Bevor Sie mit Ihren Eigenleistungen beginnen, sollten/müssen Sie die Vorleistungen abnehmen. Mitunter können Sie nicht beurteilen, ob das ausführende Unternehmen seine Leistungen mangelfrei erbracht hat. Schließen Sie mit Arbeiten in Eigenleistung direkt an Leistungen des ausführenden Unternehmens an, ohne diese vorab hinreichend kontrolliert zu haben, kann es passieren, dass derjenige, der mangelhaft geleistet hat, aus seiner Gewährleistungshaftung freikommt. Auch wenn Sie dadurch, dass Sie Ihre Arbeit an die Fremdleistung angeschlossen haben, nicht die Abnahme erklären, so müssen Sie im Ergebnis oftmals beweisen, dass es sich um einen Mangel des Unternehmers handelt und nicht um Ihren. Zeigt sich später ein Mangel, kann es mitunter schwer sein, nachzuweisen, in wessen Verantwortungsbereich dieser fällt. Da Sie nach der Abnahme in der Beweislast stehen (d. h., Sie müssen beweisen, dass das bauausführende Unternehmen mangelhaft geleistet hat und dies auch bei der Abnahme nicht offensichtlich war), bleiben Sie unter Umständen auf ganz erheblichen Mängelbeseitigungs- und Mangelfolgekosten sitzen.

**62**

Niemand sollte sich in seiner/ihrer handwerklichen Euphorie eingeschränkt fühlen. Doch sollte Ihnen wirklich bewusst sein, auf was Sie sich bei Eigenleistungen einlassen. Es kann daher zielführender, wirtschaftlicher, freizeit- und familienverträglicher sein, mit Überstunden oder einem genehmigten Zweitjob zusätzliches Geld für die Baukasse zu erwirtschaften.

Mit diesen Fragestellungen zum Thema Eigenleistungen sollten Sie sich vorab kritisch-konstruktiv auseinandersetzen:

▸ Wie viel können Sie durch Eigenleistungen an Baukosten einsparen, resp. was vergütet Ihnen der Generalunternehmer für Eigenleistungspakete?

▸ Welche Leistungen können Sie wirklich fachmännisch ausführen?

▸ Berechnen Sie die benötigten Arbeitstage: Summe der veranschlagten Arbeitsstunden geteilt durch zwei oder drei (bei zwei bis drei Stunden Einsatz pro Tag).

▸ Wie viel müssen Sie für das Material inklusive Verschnitt (Mehrmenge) einkalkulieren und für die erforderlichen Werkzeuge oder an Werkzeugmieten bezahlen?

▸ Wie viel bleibt an Ersparnis noch übrig?

▸ Wie viel kostet es, mehrmals pro Woche zur Baustelle zu fahren?

▸ Wie viel kostet die baustellentaugliche Arbeitsbekleidung?

▸ Wie viel kostet es, die Heerscharen an bereitwilligen Helfern zu bewirten?

▸ Wie viel kostet die Bauhelferversicherung?

▸ Wie viel kostet die Baustellenunfallversicherung der Bauherren?

▸ Saldieren und überlegen »Ist es mir/uns das wert?«

▸ Wann will/muss ich bestimmte Eigenleistungen erbringen?

▸ Habe ich/haben wir die Zeit?

▸ Wie viele Stunden pro Woche können wir aufbringen?

▸ Wer kümmert sich in der Zeit um den Haushalt, die Kinder, die Haustiere, um pflegebedürftige Verwandte?

▸ Was passiert, wenn die Eigenleistungen durch berufliche Veränderung, Krankheit etc. nicht mehr erbracht werden können? Haben Sie einen Plan B?

▸ Wie viel Geld kann alternativ durch Überstunden oder eine genehmigte Nebentätigkeit für die Baukasse erzielt werden?

Gehen Sie die Thematik konstruktiv und realistisch an.

1. Überlegen Sie genau, bevor Sie sich für Eigenleistungen entscheiden. Bedenken Sie Zeitaufwand, Kosten und Fehlerwahrscheinlichkeit.

2. Rechnen Sie nicht nur in Euro, sondern auch in den Lebenszeiteinheiten Stunden, Tage, Wochen sowie in Lebensqualitätseinheiten. Rechnen Sie dabei im eigenen Interesse mit sehr spitzem Bleistift.

3. Vergessen Sie nicht die Unfallversicherung, wenn Ihnen Familienmitglieder und Freunde helfen. Ansonsten kommen Sie für die Kosten eines Arbeitsunfalls auf. Daher sollten Sie Ihr Bauvorhaben bei der Berufsgenossenschaft der Bauwirtschaft (BG Bau) unbedingt anmelden: http://www.bgbau.de/mitglieder/online-service/bauvorhaben_melden

4. Prüfen Sie eventuell in Rücksprache mit einem Bausachverständigen und/oder einem Baurechtsanwalt die Einschränkungen der Gewährleistungsansprüche, die sich aus Eigenleistungen ergeben. Je früher im Bauablauf die Eigenleistungen erbracht werden, umso umfassender sind die sich daraus ergebenden Rechtsfolgen.

### 4.5.3 Das »Konsortium Schwarz und Samstag« in den Eigenleistungsüberlegungen

Schwarzarbeit ist keine Option. Sie ist strafbar, sowohl für den, der sie ausführt als auch für denjenigen, der beschäftigt. Hinzu kommen weitere Delikte wie Steuerhinterziehung, weil z. B. keine Umsatzsteuer gezahlt wurde. Darüber hinaus werden unter Umständen keine Sozialabgaben abgeführt. Das bedeutet, dass sich weitere strafrechtlich relevante Delikte darum ranken.

Des Weiteren haben Sie keinerlei Gewährleistungsansprüche im Hinblick auf etwaige Mängel. Unter Umständen haben Sie Geld gezahlt, können sich aber an die ausführende Firma nicht wegen mangelhafter Leistung wenden. Und aller Voraussicht nach werden Sie keinen Rückzahlungsanspruch bezüglich

**64**

des gezahlten Geldes geltend machen können. Darüber hinaus können Sie die Leistungen, die für Ihr Eigenheim erbracht wurden, nicht steuerlich absetzen.

Vorsicht ist auch bei Nachbarschaftshilfe geboten. Sobald diese entgeltlich ist, kann auch in diesem Bereich Schwarzarbeit vorliegen.

Bedenken Sie, dass Sie in der Regel zunächst denken, dass alles gut gehen wird. Allerdings zeigt die Erfahrung, dass gerade Schwarzarbeiter darum wissen, dass Sie sich selbst strafbar machen und von daher nicht unbedingt die Qualität das Augenmerk der Ausführung ist. Da kann es vorkommen, dass nicht nur Mängel »produziert« werden, sondern auch bestehende Leistungen beschädigt werden. Sofern Sie dann Schadensersatz geltend machen wollten, müssten Sie selbst zugeben, dass Sie strafbar gehandelt haben. Sie sollten spätestens dann auch einen Strafrechtler konsultieren, damit er Ihnen raten kann, wie Sie die für Sie drohende Strafe gering halten können. Die Umsatzsteuer werden Sie dann aller Voraussicht nach nachzahlen.

Überlegen Sie auch, welche Möglichkeiten Sie haben, wenn die Schwarzarbeiter nicht schnell genug arbeiten. Mangels eines wirksamen Vertrags haben Sie auch in diesem Fall so gut wie keine Eingriffsmöglichkeit. Sie können sich allenfalls von dem Schwarzarbeiter trennen und dann ein anderes ausführendes Unternehmen wirksam beauftragen. Einen Schadensersatz wegen verspäteter Leistungserstellung können Sie gegen den Schwarzarbeiter jedenfalls nicht durchsetzen.

Im Ergebnis ist daher Schwarzarbeit so oder so nicht »billiger«, sondern schafft neue Probleme. Bedenken Sie auch Ihre persönliche strafrechtliche Betroffenheit. Unter Umständen kann sich dies auch für Sie beruflich negativ auswirken.

Hände weg von Schwarzarbeit, die Folgen sind nicht absehbar. Zudem machen Sie sich damit strafbar.

# 5 Das Grundstück

Das ererbte oder für den Erwerb ins Auge gefasste Baugrundstück hat ganz erheblichen Einfluss auf die Bebauung und die Nebenanlagen, die auf ihm entstehen sollen. Hierbei geht es um die Höhensituation des Grundstücks (Topografie), den anstehenden Baugrund (Geologie), die angrenzenden Nachbargrundstücke und die Erschließung des Grundstücks. Hinzu kommen die Vorgaben aus dem Bebauungsplan oder der Ortsbausatzung sowie Eintragungen im Grundbuch und im Baulastenverzeichnis.

## 5.1  Die Topografie des Grundstücks

Deutschland ist in weiten Bereichen ein Land, in dem zwangsläufig in Hanglagen gebaut werden muss. Hanggrundstücke haben ihren eigenen Reiz, die Bebauung ist in der Regel aber mit merklich höheren Investitionskosten verbunden, als bei ebenen Grundstücken. Je nach Hangneigung und der damit verbundenen vertikalen Höhendifferenz ist zur Hangseite der Baugrube eine zumindest temporäre Hangsicherungsmaßnahme vorzusehen. Im günstigen Falle ist es mit einer gegen Abheben durch Wind geschützten Folienabdeckung der Baugrubenböschung getan, bei größeren Höhendifferenzen sind umfangreiche und entsprechend teure Verbaumaßnahmen erforderlich. Dieses Erfordernis resultiert zum einen aus der Notwendigkeit, die zur Bergseite hin ansteigende Baugrubenböschung gegen Anschwemmung durch Regen und oberflächlich abfließendes Wasser zu sichern und zum anderen aus den Anforderungen des Arbeits- und Gesundheitsschutzes. Die Arbeiter, die Ihr Haus errichten, dürfen nicht durch in die Baugrube abstürzende oder abrutschende Erdmassen gefährdet werden. Führt man sich vor Augen, dass ein Kubikmeter Erdreich ca. 1,5 t wiegt, wird klar, wie hoch das Gefährdungspotenzial ist, das von einer ungesicherten Baugrubenböschung ausgehen kann. Der Aushub kann in der Regel nicht auf dem Grundstück gelagert werden, sondern muss zu einem Zwischenlager abgefahren werden. Die hangseitige Baugrubenverfüllung ist je nach Hangsituation mit Mehraufwendungen verbunden, da das Verfüllmaterial nur mit Kleingeräten ein-

**68**

gebaut werden kann und der Transport des Verfüllmaterials zur Einbaustelle häufig mit einem Kran vorgenommen werden muss.

Neben der Baugrubensituation ist auch die spätere Nutzungssituation zu beachten. Eine hoch aufragende Böschung muss auch über die Nutzungszeit hinweg standsicher sein und bleiben. Das erfordert umfangreiche und somit entsprechend teure Baumaßnahmen. Hinzu kommen Maßnahmen, um das eigene Grundstück an die angrenzenden Nachbargrundstücke oder die Straße anzugleichen.

Generalunternehmer und Generalübernehmer klammern die Aufwendungen für Sondergründungs- und Verbaumaßnahmen sowie für dauerhafte Hangsicherungen gerne aus. Darauf wird auch hingewiesen. Das sind folglich Kosten, die Ihnen als Bauherr zusätzlich entstehen. Kostenangaben dazu tauchen zwar irgendwo in einer Aufstellung der Gesamtbaukosten auf, werden aber in den meisten Fällen nur grob abgeschätzt und sind oftmals viel zu niedrig angesetzt. Die tatsächlich aufzuwendenden Kosten liegen erfahrungsgemäß um ein Mehrfaches höher als zunächst angegeben. Als Laie ist es für Sie meistens schwer, dies zu erkennen.

Am leichtesten sind ebene oder aber nahezu ebene Grundstücke zu bebauen. Bei Hanggrundstücken sollten Sie höhere fünfstellige ggf. auch sechsstellige Beträge für die Baugrubensicherung, die Mehraufwendungen bei den Erdarbeiten und den Hausanschlüssen sowie für die Gestaltung der Außenanlagen samt Stützmauern, Treppen- und ggf. Aufzugsanlagen mit einkalkulieren. Wenn Sie ein Hanggrundstück geerbt oder gekauft haben oder kaufen wollen und sich mit dem Gedanken tragen, es zu bebauen, dann sollten Sie es komplett überplanen lassen und neben der Planung des Hauses und der Nebengebäude auch auf eine abschließende Planung der Außenanlagen und der Baugrubensituation nebst Kostenschätzung bestehen.

## 5.2    Die Geologie des Grundstücks

Wenn Sie auf einem eigenen Grundstück bauen, stellen Sie das Grundstück zur Verfügung. Sie haften daher grundsätzlich für alle Risiken, die vom Grundstück und seinem Baugrund ausgehen.

Unter dem Baugrund versteht man den geologischen Aufbau des Erdmantels unterhalb Ihres Grundstücks. Sein Aufbau und die Eigenschaften der anstehenden Bodenarten bestimmen die zu wählende Gründungsvariante maßgeblich.

Grundsätzliche Eigenschaften des Baugrundes sind sein Setzungsverhalten (das Maß für die Zusammendrückbarkeit unter Belastung), die Wasserdurchlässigkeit der einzelnen Bodenschichten, die Belastbarkeit des Bodens in der Fundamentebene und der Schichtenaufbau bis in Tiefen von 10 bis 30 m unter dem Grundstück. Maßgebliche Einflüsse können auch aus dem Bergbau kommen, wenn das Grundstück über einer bergmännischen Anlage liegt.

Als Grundstückseigentümer ist der Baugrund Ihr Risikobereich. Sie sollten die mit dem Baugrund verbundenen Risiken minimieren, indem Sie sich Kenntnisse über Ihren Baugrund verschaffen. Das geht am besten über ein Baugrundgutachten. Dazu kommt ein Geologe oder ein Ingenieurgeologe auf das Grundstück und untersucht den Baugrund mit unterschiedlichen Geräten. Die Untersuchungsergebnisse werden ausgewertet, mit den geologischen Grundlagendaten, die über das Baugebiet vorliegen, verglichen und in Übereinstimmung gebracht. Die so gewonnenen Erkenntnisse werden in einem Baugrundgutachten zusammengefasst. Es ist dabei zu beachten, dass bei den Untersuchungen des Baugrundaufbaus die Rammsonde, die Rammkernsonde oder der Bohrer bis deutlich unterhalb der Baugrubensohle geführt (abgeteuft) werden und nicht bereits oberhalb der Baugrubensohle zum Erliegen kommen. Liegt der tiefste Punkt der Sondierung (die sogenannte Endteufe) oberhalb der Baugrubensohle, ist das Gutachten nur für den Erdbauer von Relevanz, der damit über den zu erwartenden Aushub informiert wird.

Basierend auf dem mathematischen Leitsatz, dass drei Punkte eine Ebene bestimmen, sollte an mindestens drei Stellen untersucht werden. Wird in den Beprobungsstellen knapp unterhalb der Baugrubensohle oder schon oberhalb Wasser angetroffen, sollte ein Beobachtungspegel angelegt werden.

**70**

Aus dem Baugrundgutachten müssen sich schlüssige Aussagen zum Bodenaufbau, zu den an den Probestellen festgestellten Bodenarten und Schichtdicken, zur Wasserdurchlässigkeit der einzelnen Bodenschichten sowie deren Tragfähigkeit und Setzungsverhalten ergeben. Eine weitere Aussage betrifft das mögliche Auftreten von Wasser im Baugrund oberhalb der Baugrubensohle.

Im Endergebnis liefert ein gutes Baugrundgutachten Aussagen und Empfehlungen zur Gründung des Baukörpers und zum anstehenden Lastfall der Bodenfeuchtigkeit, der für die Dimensionierung der Abdichtungsmaßnahmen anzusetzen ist. Außerdem informiert das Baugrundgutachten zum Setzungsverhalten des Baugrundes einschließlich des voraussichtlichen Endsetzungsmaßes. Bei Hanggrundstücken sollten auch immer Empfehlungen zur Böschungsgestaltung (Böschungswinkel) und Böschungssicherung enthalten sein. Damit sind nicht die Berechnung und der Standsicherheitsnachweis für diese Böschungssicherung gemeint. Sollten diese erforderlich werden, stellt das einen eigenen Auftrag an den Fachingenieur dar.

Werden Schadstoffbelastungen festgestellt – Indikatoren sind häufig der Geruch und das Aussehen der Bodenproben –, sollte dies im Baugrundgutachten ebenfalls vermerkt sein. Eine abschließende Analyse des Bodens wäre in diesem Fall gesondert zu beauftragen.

Jede Baugrunduntersuchung ist allerdings nur eine Punktierung der Erdkruste und liefert dementsprechend nur Ergebnisse, die exakt und ausschließlich für diese eine Stelle zutreffen, an der die Sondierung niedergebracht wurde. Über drei Beprobungsstellen lässt sich ein Schichtenverlauf interpolieren, allerdings ist man auch bei drei oder mehr Sondierstellen nicht vor Überraschungen, z.B. Ton- oder Torflinsen, gefeit. Ein gutes Baugrundgutachten lässt sich nicht an einer aufwendigen Bindetechnik, am Seitenumfang oder der Honorarhöhe des Baugrundgutachters festmachen, sondern an der Belastbarkeit der getroffenen Aussagen. Wenn Sie sich durch einen Bausachverständigen begleiten lassen, geben Sie das Baugrundgutachten auch an den Sie begleitenden Sachverständigen weiter. Aussagen wie z.B. »wenig durchlässiger Baugrund in und unter der Baugrubensohle«, »Setzungsempfindlichkeit oder größere Setzungsunterschiede an den Gebäudekanten/ Gebäudeecken« oder »Baugrundkontamination« sind mit zum Teil erheblichen Mehraufwendungen für Sie verbunden. Auf Anfrage kann Ihnen der Baugrundgutachter auch eine Kostenschätzung dieser Mehraufwendungen

**71**

erstellen. Liegt diese Angabe frühzeitig genug vor, haben Sie immer noch die Möglichkeit von der Bauabsicht Abstand zu nehmen und darauf zu verzichten, Zehntausende oder gar Hunderttausende von Euro in die Gründung oder die Böschungssicherung zu investieren. Auch für den Fall, dass Sie das Haus von einem Generalunternehmer oder -übernehmer erstellen lassen, obliegt es Ihnen im Regelfall, das Bodengutachten beizustellen, d.h. vorzulegen. Sollte dies anders geregelt sein, sollten Sie sicherstellen, dass alle notwendigen Untersuchungen – wie oben beschreiben – durchgeführt worden sind. Auch sollten Sie die möglicherweise anfallenden Kosten thematisieren.

---

**Augen auf beim Grundstückskauf!**

Sparen Sie nicht an der falschen Stelle und lassen Sie im eigenen Interesse ein Baugrundgutachten machen.

Lesen Sie das Baugrundgutachten gründlich durch und fragen Sie beim Ersteller nach, wenn Sie etwas nicht verstehen.

Machen Sie das Baugrundgutachten, wenn möglich, zur Angebotsgrundlage, unter allen Umständen aber zur Vertragsgrundlage.

Lassen Sie sich vor Vertragsunterzeichnung schriftlich bestätigen, dass die Auflagen und Forderungen aus dem Baugrundgutachten im vertraglich vereinbarten Leistungsumfang enthalten sind. Klären Sie, ob diese Leistungen auch vom beauftragten Preis bereits abgedeckt sind. Oftmals werden sogenannte Bedarfspositionen angeboten, die dann noch einmal beauftragt werden müssen.

Bei Hanggrundstücken sollte das Gutachten auch die Beratung zur zeitlich begrenzten oder dauerhaft erforderlichen Hang-/Böschungssicherung beinhalten.

Und natürlich wäre es am besten, wenn Sie das Baugrundgutachten noch vor dem eigentlichen Grundstückskauf machen lassen. Sollten sich aus dem Baugrundgutachten mögliche Sondergründungsmaßnahmen ergeben, können Sie die Kaufabsicht immer nochmals überdenken. Sondergründungsmaßnahmen kosten viel Geld.

## 5.3    Altlasten

Darunter sind vom Menschen geschaffene Belastungen des Baugrunds zu verstehen, die teilweise bis ins Mittelalter zurückreichen. Aufgrund des knappen Baulandes und der Umweltschutzauflagen kommt es zu einer Verdichtung der Bebauung im kommunalen und städtischen Umfeld, aber auch im ländlichen Raum. Das Bauen in zweiter Reihe ist, nicht zuletzt durch die regional exorbitant hohen Grundstückspreise, eine der Möglichkeiten, die Investition ins Grundstück in einem finanzierbaren Rahmen zu halten. Mittlerweile werden ehemalige Industriebrachen, aufgelassene, mittlerweile nahe dem Ortskern liegende Gärtnereien oder ehemals landwirtschaftlich genutzte Betriebsflächen bebaut. Damit ist man als Grundstückseigentümer mit all den Einflüssen und Stoffeinträgen konfrontiert, die durch die vorausgehende Nutzung entstanden sind. Auf Industriebrachen können das hochpotente Gift- und Schadstoffe oder gar Sprengstoffreste sein, in Gärtnereien oder Hofstellen können es Düngemitteleinträge, Unkraut- und Schädlingsbekämpfungsmittel sowie die wasserlöslichen Anteile tierischer Stoffwechselprodukte (Nitrat) sein. Weitere unangenehme Einträge aus vorausgegangenem Gebrauch oder auch Missbrauch (illegale Ablagerungen) sind möglich. Im städtischen Bereich kommen Kampfmittel (Blindgänger) oder Kampfmittellagerstätten der deutschen Wehrmacht dazu. Im Bereich auf und um die Kriegsschauplätze der Weltkriege, vor allem des Ersten Weltkriegs, ist mit einer Belastung durch chemische und/oder biologische Kampfstoffe zu rechnen. Die Liegenschaften der Alliierten, die diese nach dem 2. Weltkrieg genutzt haben, wurden vielerorts an die Gemeinden und Kommunen zurück- und freigegeben. Auf ihnen ist mit allen möglichen Rückständen zu rechnen. Zum Teil liegen erhebliche Schadstoffkonzentrationen vor.

Sie sollten daher beim Abschluss des Kaufvertrags darauf achten, dass Sie das Grundstück komplett altlastenfrei erwerben und die Kampfmittelfreiheit bescheinigt wird. Alternativ können sie sich den Ersatz möglicher Entsorgungskosten ausdrücklich vorbehalten. Die Frage, wie Sie das vertragsrechtlich und finanziell sicherstellen können, kann und muss Ihnen der beurkundende Notar oder ein beratend hinzugezogener Rechtsanwalt beantworten. Berücksichtigen Sie jedoch in diesem Zusammenhang, dass Altlasten auf den Grundstücken nach heutigen Maßstäben üblich sind. Das bedeutet, dass oftmals eine Haftung dafür im Kaufvertrag ausgeschlossen wird. Lassen Sie sich vom Verkäufer hinreichend aufklären, fragen Sie nach und nehmen Sie ggf. eigene Erkundungen vor. Berücksichtigen Sie, dass es nicht die Aufgabe des Notars ist, Altlasten für Sie aufzuspüren. Deshalb enthalten Kaufverträge über ein Grundstück in der Regel allgemeine Abgeltungsklauseln für mögliche Altlasten auf dem Grundstück. Eine solche Enthaftung hat nur dann keine Gültigkeit, wenn der Verkäufer von den Altlasten positiv Kenntnis hatte und nicht, wenn er diese hätte kennen müssen.

Berücksichtigen Sie, dass ein Bodengutachten in der Regel keinen Aufschluss über mögliche Kampfmittel im Boden gibt. Hierfür sind andere bzw. weitere Untersuchungen erforderlich. Eine Kampfmittelräumung kann zu Mehrkosten und Zeitverzügen führen. Als Bauherr und damit Eigentümer des Grundstücks haben Sie in der Regel die Mehrkosten zu tragen, wenn sich im Rahmen des Bauens herausstellt, dass sich im Boden Kampfmittel befinden und diese entsorgt werden müssen. Ebenso geht die zeitliche Verzögerung, die dadurch entsteht, zu Ihren Lasten. Etwas Anderes kann sich jedoch dann ergeben, wenn Sie konkret im Vertrag darauf hingewiesen haben und der bauausführende Unternehmer damit auch beauftragt wurde, die Kampfmittel zu beseitigen. Thematisieren Sie dies gegebenenfalls mit Ihrem Vertragspartner, dem bauausführenden Unternehmen.

Beschäftigen Sie sich mit der Vorgeschichte des Grundstücks, das Sie erwerben wollen; insbesondere dann, wenn es um ehemals gewerblich genutzte Flächen geht.

Holen Sie vorab eine Auskunft des Kampfmittelräumdienstes ein, wenn es um entsprechende Flächen geht.

Geht von den Inhaltsstoffen des Bodens eine erhebliche Gesundheitsgefahr aus, verzichten Sie auf den Kauf oder versuchen Sie den Kauf rückabzuwickeln, sofern dies vertragsrechtlich möglich sein sollte. In einem solchen Fall kann es sinnvoll sein, rechtliche Beratung in Anspruch zu nehmen.

**74**

Werden bei den Erdarbeiten auf Ihrem Grundstück archäologische Artefakte gefunden, müssen Sie die Behörde davon unterrichten. Dies kann die Bauzeit extrem verzögern, wenn die Behörde auf die Erfassung und Dokumentation der Artefakte besteht. Auch in diesem Fall kann es sinnvoll sein, sich rechtlich beraten zu lassen, damit Ihre Ausgaben möglichst gering gehalten werden können.

## 5.4 Nachbargrundstücke und ihre Bebauung

Wo auch immer Sie bauen wollen, Sie haben es heute im Regelfall immer mit einer Bebauung an oder auf den angrenzenden Grundstücken zu tun. Ausnahmen bilden Bauten im Außenbereich, die kaum noch genehmigt werden, oder Bauten in großen familieneigenen Parkanlagen, die auch nicht jeder hat. Auch Straßen und Versorgungsanlagen sind in diesem Zusammenhang als Bauten zu betrachten. Sie bauen demnach nicht im luftleeren Raum, sondern üben über das Baugeschehen auf Ihrem eigenen Grundstück Einfluss auf die Nachbargrundstücke aus. Da sind zum einen Baulärm, Staub und Dreck, ohne die das Bauen nun einmal nicht möglich ist. Zum anderen entstehen Erschütterungen, die sich z.B. in den Nachbargebäuden durch Gläserklirren im Schrank bemerkbar machen, wenn die Baugrubensohle oder die Arbeitsraumverfüllung verdichtet werden, und manchmal auch in Form von Rissen sichtbar werden. Das führt je nach Duldsamkeit der Nachbarn zu einem teilweise nicht unerheblichen Konfliktpotenzial. Treten an den angrenzenden Bebauungen Schäden auf, können daraus Schadensersatzansprüche erwachsen. Sie müssen im Streitfall nachweisen, dass die Schäden nicht durch Ihre Baumaßnahme entstanden sind. Ansonsten kommen Sie unter Umständen für die Beseitigung der Schäden auf und müssen ggf. noch die Wertminderung und/oder die Kosten der Schadensbeseitigung bezahlen.

Dokumentieren Sie oder besser lassen Sie den baulichen Zustand der angrenzenden Anwesen und der Außenanlagen durch einen Sachverständigen in Form einer Bauzustandsfeststellung dokumentieren. Stellen Sie in diesem Zusammenhang sicher, dass der Bausachverständige, den Sie beauftragt haben, die Grundstücke und Wohnungen der Nachbarn zur Inaugenscheinnahme betreten und fotografieren darf. Fragen Sie Ihre zukünftigen Nachbarn. Die Inaugenscheinnahme sollte gebündelt erfolgen. Jede An- und Abfahrt kostet in der Regel Geld, Ihr Geld. Wird die Erlaubnis nachweislich verweigert, kann sich die Beweislast unter Umständen umkehren, d.h. dann muss der Nachbar beweisen, dass die geltend gemachten Schäden durch ihre Baumaßnahme entstanden sind. Das sollte aber auf jeden Fall dokumentiert sein.

Beachten Sie auch, dass Lärm zu Streitigkeiten führen kann und die Anwohner nicht jeden Lärm zu jeder Tageszeit dulden müssen. Das gilt insbesondere in Deutschland nach wie vor an Sonn- und Feiertagen sowie zu Nachtzeiten.

## 5.5 Der Bebauungsplan

Der Bebauungsplan ist eine behördliche Festsetzung, die je nach Ersteller in mehr oder weniger großem Umfang reglementiert, was und wie Sie auf dem gewählten Grundstück bauen dürfen. Von der Gebäudegröße über die Anordnung des Gebäudes und der Nebengebäude auf dem Grundstück bis zur zulässigen Geschossanzahl, von der Dachneigung über die Art und die Farbe der Dachdeckung bis hin zur Gebäudehöhe kann dort alles vorgegeben sein. Die öffentliche Hand hat damit ein Instrument, mit dem sie ganz erheblichen Einfluss auf das Eigentum/zukünftige Immobilieneigentum nehmen kann. Der Verwaltung obliegt es nämlich, Ortschaften zu entwickeln und damit zu beplanen. Es ist möglich, in gewissem Rahmen Befreiungen zu beantragen.

**76**

Im Bebauungsplan oder in der Ortsbausatzung (bei innerörtlichen Bereichen, für die es keinen Bebauungsplan gibt) können eine Reihe an Vorgaben für die Größe und die Gestaltung der Bauten enthalten sein. Damit soll die Einheitlichkeit des Ortsbildes gewährleistet werden. Der Bebauungsplan gibt Ihnen die grundsätzlichen Grenzen vor, die bei der Erstellung des Bauentwurfs und der Werkplanung eingehalten werden müssen. Wollen Sie davon abweichen, muss dafür bei der zuständigen Baubehörde eine Befreiung beantragt werden. Diese kann genehmigt werden, muss sie aber nicht. Wird ein Bau ohne genehmigte Befreiung abweichend vom Bebauungsplan oder der Ortsbausatzung errichtet, kann der Rückbau (Abbruch) angeordnet werden. Wenn Sie kein neues Haus, sondern ein altes nutzen und dieses komplett umgestalten wollen, kann Ihnen auch der Denkmalschutz Grenzen setzen.

Klären Sie noch vor dem Grundstückskauf, ob und wie sich Ihre Wohnvorstellungen und -bedürfnisse unter den vorgegebenen Rahmenbedingungen realisieren lassen.

Prüfen Sie möglichst schon vor dem Grundstückserwerb die Möglichkeiten, die der Bebauungsplan zulässt, und klären Sie für sich, ob das mit Ihrer Bauidee und Ihren Bedürfnissen vertretbar korrespondiert. Stimmen Sie sich ggf. frühzeitig auch mit dem Denkmalamt bzw. der für Ihr Projekt zuständigen Behörden ab.

## 5.6 Energetische Auflagen

Mittlerweile gehört es für Kommunen und Städte zum guten Ton, eine regionale oder gar nationale Vorreiterrolle in Sachen Energiesparen beim Bauen oder/und regenerativer Energiegewinnung anzustreben. Diesen Bestrebungen ist grundsätzlich nichts entgegenzuhalten. Zu beachten ist jedoch, dass dies für Sie als Bauherrn mit Kosten verbunden ist: Sie leisten die Investitionen in die dafür notwendigen haustechnischen Komponenten und tragen die Folgekosten, wenn diese Anlagen nach Ablauf ihrer Lebensdauerzyklen, die zum Teil erschreckend kurz sind, erneuert werden müssen.

Der Versuch der Kommunen, diese Vorreiterrolle einzunehmen, erfolgt über Auflagen auf verschiedenste Art und Weise. Die Auflagen verstecken sich teilweise im Bebauungsplan als Vorgabe eines KfW-Förderstandards, als Baulast im Grundbuch in Form einer Anschlussverpflichtung an ein bestehendes Nah- oder Fernwärmenetz oder in den Auflagen des Grundstückskaufvertrags. Sie können aber auch bei der Baugenehmigung eine Rolle spielen.

> Der Ihnen behördlich auferlegte Zwang zu energieeffizientem Bauen kostet in allererster Linie Ihr Geld in Form einer hohen Erstinvestition und daraus erwachsender Folgekosten. Dabei ist noch nicht klar, ob Sie wirklich geringere Energiekosten haben werden und sich diese Investition für Sie am Ende rechnen kann. Auch der Bau eines Effizienzhauses KfW 55 oder KfW 40 muss nicht bedeuten, dass Ihre Energieverbrauchskosten geringer sind, als sie es bei einer Ausführung nach den Mindestanforderungen der Energieeinsparverordnung wären. Fragen Sie dezidiert nach!

## 5.7  Abwassersatzung

Die Kanalnetze zur Abwasserableitung sind über Jahrzehnte hinweg entstanden. Sie sind – abhängig von der finanziellen Ausstattung der Gemeinden, Städte oder Zweckverbände – in einem mehr oder weniger guten Erhaltungszustand und haben ihre über Rohrdurchmesser und Gefällesituation vorgegebenen Kapazitätsgrenzen. In manchen Gemeinden oder Städten ist es bei neuen Bauvorhaben verpflichtend vorgegeben, das anfallende Regenwasser auf dem Grundstück zurückzuhalten oder versickern zu lassen. Eine je nach anstehender Baugrundsituation nicht leicht oder gar unmöglich zu lösende Auflage. Alle diese Auflagen kosten Geld – die einen mehr, die anderen weniger – und haben ganz erheblichen Einfluss auf das Wasseraufkommen im Baugrund (Versickerung). Dieses wiederum hat Konsequenzen für die Dimensionierung der Bauwerksabdichtung, die Anforderungen an die Wasserdichtheit der Kellerfenster und der Lichtschächte, wenn ein Keller vorgesehen ist.

**78**

Der Abwassersatzung kann auch entnommen werden, ob Sie eine Dränanlage an das kommunale Abwassernetz anschließen dürfen. Ist das nicht der Fall, muss eine Genehmigung für einen solchen Anschluss beantragt werden. Eine Genehmigungsverpflichtung gibt es aber nicht. Wird der Anschluss einer Drainage nicht genehmigt, macht der Bau einer Dränanlage keinen Sinn. Tun Sie es trotzdem, ist das Geld zum Fenster rausgeworfen.

> Schließen Sie keinen Bau- oder Hauskaufvertrag ab, dessen Leistungsumfang für die Entsorgungsleitungen einen Meter hinter der Außenkante Haus endet. Die Kosten, die Sie ggf. für den Anschluss ans öffentliche Kanalnetz zahlen müssen, können Ihre Hausfinanzierung ins Wanken bringen. Lassen Sie sich vor dem Vertragsabschluss für das Haus ein Angebot machen, das zumindest den Anschluss ans öffentliche Kanalnetz inkl. aller notwendigen Schachtbauwerke und Einrichtungen beinhaltet und vereinbaren Sie möglichst das Gesamtpaket. Oder holen Sie verbindliche Fremdangebote ein. Dazu müssen Sie wissen, welche Leistungen, in welchem Umfang erforderlich sind.

## 5.8 Versorgungsleitungen/-anschlüsse

Hausanschlüsse für Wasser, Strom, Medienkabel und Telefon sowie an die öffentliche Gasversorgung oder das Nahwärmenetz gehören zu Ihrem Hausbau dazu. Sie können sich selbst um die Beantragung und die Erstellung kümmern oder Ihren Hausbaupartner damit beauftragen. Wenn Sie im Außenbereich einer Gemeinde bauen dürfen (Ausnahmefall), können für Kanal- und Hausanschlüsse erhebliche Kostensummen anfallen. Daher sollten Sie möglichst noch vor dem Grundstückserwerb eine verbindliche Kostenschätzung oder ein Festpreisangebot des zuständigen Versorgungsträgers einholen. Die Zuständigkeiten erfahren Sie auf der für Ihr Bauvorhaben zuständigen unteren Baurechtsbehörde, in der Regel das Bauamt der Gemeinde oder der Stadt.

## 5.9 Grundbuch und Baulasten

Das wichtigste Dokument in der Verhandlungsphase noch vor dem Kaufvertrag ist das Grundbuch. Dort finden sich die genauen Angaben zur Grundstücksgröße, zum Verlauf der Grundstücksgrenzen, zu Grundpfandrechten und zu Dienstbarkeiten sowie zu sonstigen Belastungen, die zugunsten anderer auf Ihrem Grundstück eingetragen und damit dinglich gesichert sind. Das können Leitungsrechte und sogenannte Wegerechte (Betretungs- und Befahrungsrechte) sein. Letztlich kommen derartige Wegerechte einer Enteignung für diesen Bereich Ihres Grundstücks gleich. Denn auf den dafür eingetragenen Grundstücksflächen müssen Sie die Be- und Überfahrbarkeit sicherstellen und aufrechterhalten. Die Errichtung eines Gartenhäuschens oder anderer fester Aufbauten ist in diesem Bereich daher nicht erlaubt.

Es kann wichtig sein, neben dem Grundbuch auch das Baulastenverzeichnis einzusehen, das bei der dafür zuständigen Kommune geführt wird. Notare sehen dieses in der Regel nicht ein, weshalb es auch im Kaufvertrag explizit erwähnt ist. Das Grundbuch müssen Notare zur Erstellung eines Kaufvertrags einer Immobilie einsehen. Dazu sind Sie verpflichtet.

Baulasten sind vergleichbar mit Dienstbarkeiten, nur dass die Dienstbarkeiten unmittelbar zwischen den Begünstigten und dem Grundstückseigentümer gelten. Wohingegen die Baulasten eine öffentlich-rechtliche Verpflichtung des Grundstückseigentümers gegenüber der Kommune (Baubehörde) darstellen, wie z. B. zu erstellende Parkplätze. Kaufen Sie z. B. ein Objekt, bei dem noch ein Stellplatz zu erstellen ist, müssen Sie dies auf Ihre Kosten tun. Ob Sie beim Verkäufer davon etwas geltend machen können, ist einzelfallabhängig. Hierzu sollten Sie sich ggf. rechtlich beraten lassen.

Vor dem Grundstückskauf sollte die Einsichtnahme in das Grundbuch und das Baulastenverzeichnis erfolgen. Wo diese Dokumente eingesehen werden können, erfahren Sie bei Ihrer Kommunalverwaltung. Dazu bedarf es im Regelfall der schriftlichen Genehmigung des Grundstückseigentümers oder sogar dessen persönlicher Anwesenheit. Oftmals kann ein Grundbuchauszug auch über den Notar, der den Kaufvertrag erstellen soll, eingeholt werden. Lassen Sie sich auf jeden Fall den Grundbuchauszug vor Unterzeichnung des Kaufvertrags zeigen. Aus diesem ergeben sich auch die Eigentumsverhältnisse. Denn es gilt in Deutschland nach wie vor der öffentliche Glaube des Grundbuchs (§ 892 BGB). Fragen Sie darüber hinaus nach, ob es Baulasten gibt, was diese alles beinhalten und was das für die Grundstücksnutzung/-bebauung bedeutet. Grundsätzlich können Sie bei einem berechtigten Interesse die Baulasten im Baulastenverzeichnis einsehen. Berechtigtes Interesse besteht in der Regel dann, wenn Sie ernsthaft beabsichtigen, das Grundstück zu kaufen.

# 6 Der richtige Baupartner

Es gibt jede Menge Baufirmen, Haushersteller und Bauträger am Markt. Doch wie finden Sie in dieser Vielzahl den Partner Ihres Vertrauens?

Ein wichtiges Kriterium ist der regionale oder überregionale Ruf des Unternehmens und die Referenzen von Bauherrenseite. Es geht dabei um das Renommee des ausführenden Unternehmens und nicht so sehr um die Hausmarke. Gerade bei Franchisesystemen kann der eigentliche Vertragspartner ein Quereinsteiger aus einem ganz anderen Wirtschaftszweig sein, der bislang mit dem Bauen oder dem Hausbau gar nichts zu tun und deshalb davon auch so gut wie keine Ahnung hatte. Möglicherweise gehören Sie zu den ersten Bauherren dieses Franchise-Unternehmens, sodass Ihr Haus zum Endprodukt der ersten hausbauenden Gehversuche wird. Da können auch die vertraglich verpflichtend vereinbarten, baubegleitenden Qualitätskontrollen durch den Franchisegeber nahestehenden Sachverständigenorganisationen nur noch bedingt helfen.

Aber: Ein Newcomer als Hausbaupartner ist nicht per se die schlechtere Wahl, aber eine Wahl, die in der Ausführungsphase mit offenen Augen begleitet und ggf. engmaschig kontrolliert werden sollte.

Fragen Sie noch in der Angebotsphase nach einer Liste (Telefonnummern und Adressen) von Referenzen, nach der Historie des Unternehmens und nach der Qualifikation der Geschäfts- und der Bauleitung. Fragen Sie die Namen der regelmäßig tätigen Subunternehmer ab, holen Sie Auskünfte über die Bonität der infrage kommenden Unternehmen ein. Nehmen Sie sich die Zeit, die Referenzliste abzutelefonieren und abzufahren. Gewinnen Sie einen persönlichen Eindruck und hören Sie aufmerksam zu, was die ehemaligen Bauherren zur Abwicklung, Betreuung durch die Bauleitung, Termintreue, Erreichbarkeit, Kostensicherheit und Mängelbeseitigung der Unternehmen sagen bzw. nicht sagen und inwieweit die Unternehmen zu schriftlichen Vereinbarungen bereit sind. Fragen Sie nach dem Namen der Bauleitung. Dieser Name definiert einen maßgeblichen Bestandteil der Bauqualität, denn diese Person ist diejenige, die faktisch vor Ort auf der Baustelle und für Sie in der Regel der Ansprechpartner sein wird.

**84**

Entscheiden Sie sich für die Variante, bei der Sie selbst einen Architekten mit der Planung und insbesondere der Bauüberwachung beauftragen, dann sollten Sie auch bei der Auswahl dieser Person die entsprechenden oben dargestellten Kriterien zugrunde legen. Achten Sie darauf, dass die Person Ihre Aussagen gut versteht, so wie Sie sich verstanden wissen wollen. Denn die funktionierende Kommunikation ist oft der Schlüssel für ein sorgenfreieres Bauen.

Prüfen Sie vor Vertragsabschluss sehr genau, an wen Sie sich vertraglich binden. Vertragskündigung oder -rücktritt sind auch juristisch alles andere als einfach und kehren zumindest in Teilen die Beweislast um. Sie müssen die triftigen Gründe beweisen, die dazu führen, dass Sie den Vertrag kündigen oder vom Vertrag zurückzutreten wollen.

Nehmen Sie Kontakt zu den genannten Referenzadressen auf, auch zu länger zurückliegenden, und fragen Sie wegen der Beseitigung der Abnahmemängel und des Umgangs mit Gewährleistungsmängeln nach. Hören Sie auf Zwischentöne – Referenzauskünfte und Boni gehen manchmal Hand in Hand.

Fragen Sie bei den Referenzadressen nach der Person des Bauleiters.

ACHTUNG: Bei Hausbaufirmen mit hoher Bauleiterfluktuation ist Vorsicht geboten. Dies gilt auch für Baupartner, die die Einschaltung eines Sachverständigen vertraglich ausschließen wollen.

# 7 Der Bauvertrag

Sind Sie Eigentümer des Grundstücks, sollten Sie sich überlegen, wie Sie bauen möchten. Wollen Sie selbst ein Haus planen bzw. planen lassen, ist zumindest bis zur Genehmigungsplanung (Leistungsphasen 1 bis 4 der HOAI) ein Planer/Architekt mit der Planungsleistung zu beauftragen.

Liegt Ihnen die Baugenehmigung vor, müssen Sie entscheiden, ob Sie die Leistungen gewerkeweise, wie z. B. Rohbau, Zimmerarbeiten, Dachdeckungsarbeiten, Elektroinstallation etc., in vielen Einzelverträgen oder in einem umfassenden Vertrag an einen Generalunternehmer vergeben wollen.

Zu überlegen ist dann, ob Sie mit der Detailplanung, der Ausschreibung und der Vergabe ebenso einen Architekten/Planer beauftragen (Leistungsphasen 5 bis 7 der HOAI). Das empfiehlt sich, weil dieser auch die Leistungsbeschreibung bzw. die Ausschreibungsunterlagen erstellt. Diese sind dann Grundlage für die weitere Beauftragung der/des ausführenden Unternehmen.

Haben Sie sich für einen Generalunternehmer entschieden, stellt sich im zweiten Schritt die Frage, ob Sie zusätzlich einen Architekten/Planer mit der Bauüberwachung beauftragen wollen oder nicht. In der Regel wird der Generalunternehmer so oder so einen eigenen Bauleiter mit der Beaufsichtigung der Ausführung der Arbeiten betrauen. Dieser wird jedoch – wie in KAPITEL 2.5.5 DER BAULEITER dargestellt – eine andere Interessenslage haben, als der von Ihnen mit der Bauüberwachung beauftragte Architekt/Planer. Die Bauüberwachung beinhaltet die Überprüfung der Kosten und der Einhaltung der vereinbarten Zeit sowie eine regelmäßige Qualitätskontrolle der ausgeführten Leistungen und andere für die Bauüberwachung sinnvolle Tätigkeiten wie die Rechnungsprüfung. Alternativ zur Bauüberwachung können Sie auch einen Bausachverständigen mit der Qualitätskontrolle beauftragen. In diesem Fall wird bereits während der Bauausführung geschaut, ob die Ausführung mangelfrei bzw. im Wesentlichen ohne Mängel ist. Das kann den Vorteil haben, dass erkannte Mängel direkt beseitigt werden können.

**88**

Für den Fall, dass Sie ein Fertighaus kaufen, erfolgt die Planung in der Regel durch das ausführende Unternehmen, der in diesem Fall auch als Generalunternehmer oder -übernehmer bezeichnet werden kann.

Ebenso können Sie ein Unternehmen mit der Planung und dem Bauen beauftragen. Auch dann spricht man von einem Generalunter- oder Generalübernehmer. In diesem Fall haben Sie in der Regel mehr Gestaltungsmöglichkeiten sowie Eingriffs- und Änderungsmöglichkeiten als bei einem Fertighaus.

All diese Verträge sind sogenannte Werkverträge nach § 631 ff BGB.

Das Wesen des Werkvertrags besteht darin, einen Erfolg zu schulden, nämlich ein mangelfreies Werk. Sie als Bauherr schulden zum einen die Vergütung und zum anderen die Abnahme des Werks. Die Abnahme ist eine einseitige empfangsbedürftige Willenserklärung, die bescheinigt, dass das Werk – Ihr Haus – im Wesentlichen ohne Mängel ist. Der Architekt/Planer sowie der Bauunternehmer schulden die Erstellung des Werks (Planung oder Haus) ohne Mängel. Als Erfolg der vereinbarten Werkleistung ist dabei die Erstellung des Werks frei von Sach- und Rechtemängeln anzusehen.

Als frei von Sachmängeln ist das Werk anzusehen, wenn es die vertraglich vereinbarte Beschaffenheit aufweist. Wurde die Beschaffenheit nicht vereinbart, ist das Werk frei von Sachmängeln, wenn es sich für die nach dem Vertrag vorausgesetzte Verwendung oder sonst für die gewöhnliche Verwendung eignet und eine Beschaffenheit aufweist, wie sie der Besteller nach Art des Werks erwarten kann.

Demnach ist es für Sie als Bauherr am sinnvollsten, die Beschaffenheit, die das Bauwerk (Ihr Haus) und seine Teile haben sollen, möglichst exakt zu definieren. Wie geht das?

Der erste Ansatz ist ein abschließend bearbeiteter Werkplan, der alle ausführungsrelevanten Angaben zu den vereinbarten Leistungen enthält. Der zweite, ergänzende Ansatz ist eine Baubeschreibung, aus der klar hervorgeht, welche Ausführung (ggf. mit Fabrikats- und Modellangaben sowie Größenangaben und Farbe), in welcher Menge, in welchen Räumen/welchen Gebäudebereichen vereinbart ist. Auch ein Raumbuch ist eine Baubeschreibung. Dieses exakte Formulieren ist für beide Seiten mit Aufwand verbunden, hat aber den Vorteil, dass die Interpretationsspielräume klein bleiben und jeder weiß/wissen sollte, was geschuldet/vereinbart ist.

Im Sinne des Gesetzes sind Sie als Endkunde Verbraucher. Beauftragen Sie einen Planer mit der gesamten Planung Ihres Hauses, so haben Sie seit dem 01.01.2018 ein Sonderkündigungsrecht von zwei Wochen, wenn die Kosteneinschätzung des Unternehmers/Planers vorliegt. Was genau darunter zu verstehen ist, ist noch nicht eindeutig festgelegt. Die HOAI spricht von Kostenschätzung und nicht Kosteneinschätzung. Von daher muss das nicht dasselbe sein. Gemeint ist damit nach dem Willen des Gesetzgebers eine Art grobe Kostenermittlung, die dem Besteller darüber Auskunft gibt, wie hoch die Kosten sind, die auf ihn zukommen. Sie als Verbraucher müssen von dem Unternehmer über das Sonderkündigungsrecht informiert werden. Erfolgt dies nicht, haben Sie auch später noch ein Sonderkündigungsrecht.

Es ist sinnvoll, die Liste der Abweichungen von der Standardbaubeschreibung, die ursprünglich die Angebotsgrundlage bildete, noch vor Baubeginn ausführungstechnisch und preislich abschließend vereinbart zu haben. Am besten sollte dies mit der Vertragsunterzeichnung erfolgen. Dadurch wird klar, welche Leistungen mit dem beauftragten Preis abgegolten sind. Die gern verfolgte Praxis, dem Bauherrn die Aushandlung der Sonderwünsche mit den einzelnen ausführenden Handwerkern zu überlassen, hat für alle Baubeteiligten, vor allem aber für Sie als Bauherr, entscheidende Nachteile. Die meisten Abweichungen und Ergänzungen wirken sich auch auf andere Gewerke aus. Dort muss dann eine abweichende Leistung (mehr oder weniger) erbracht werden. Das führt zu weiteren Änderungen der geplanten Ausführung, unter Umständen zur Verlängerung der Bauzeit und damit zu Kostenveränderungen. Die Sonderwünsche werden oftmals nur in den Plänen des Ausbauhandwerkers, mit dem das Gespräch über die gewünschten Leistungsänderungen erfolgt ist und der dann eventuell beauftragt wurde, durch handschriftlichen Eintrag verändert. Alle anderen Gewerke werden mehr oder weniger davon überrascht, wenn Sie nicht durch jemanden frühzeitig informiert und ggf. koordiniert werden. Das kann z. B. zur Folge haben, dass die Steckdosen für Waschmaschine und Trockner noch nicht einmal mehr in der Nähe des abgeänderten Wasser- und Abwasseranschlusses der Waschmaschine liegen. Viele andere mehrkostenverdächtige Konstellationen, die auf Änderungen in einem Gewerk zurückzuführen sind, sind denkbar und kommen häufig vor. Und zum Schluss stehen Sie da mit der Erkenntnis, dass Sie sich das so nicht vorgestellt haben. Gerade wenn Sie mit einem zentralen einzigen Vertragspartner bauen, binden Sie ihn und vor allem die in seinem Auftrag tätige Bauleitung in die Realisierung der Sonderwünsche ein bzw.

**90**

lassen Sie Sonderwünsche in deren Auftrag ausführen und koordinieren. Das erzeugt für den Bauleiter zunächst Aufwand und kostet demzufolge Geld, erspart Ihnen aber jede Menge Koordinierungsaufwand, Zeit und Ärger. Wichtig ist es, zu klären, bis wann Sie noch welche Änderungen ohne Veränderung des Bauablaufs und damit verbundener Mehrkosten vornehmen lassen können.

Seit dem 01.01.2018 müssen im Bauvertrag mit privaten Verbrauchern verbindliche Angaben zur Ausführungszeit oder ein Fertigstellungsdatum angegeben werden.

## 7.1 Anlagen zum Bauvertrag

Fast jeder Bauvertrag enthält irgendwelche Anlagen, eine Standardbaubeschreibung, einen Bauzeitenplan, einen Zahlungsplan, eine Sonderwunschaufstellung und eine Schätzung der voraussichtlichen Gesamtkosten. Prüfen Sie diese Anlagen sehr genau und schalten Sie ggf. eine externe technische und juristische Prüfungsinstanz ein (siehe auch KAPITEL 3 MÖGLICHKEITEN DER BERATUNG UND BEGLEITUNG).

Definieren Sie die vertraglich vereinbarte Beschaffenheit Ihres Hauses und seiner Bestandteile so präzise wie möglich. Es ist sinnvoller, die dafür erforderliche Zeit vor dem Vertragsabschluss zu investieren, als im Nachhinein über ungenaue Vereinbarungen zu streiten.

### 7.1.1 Baubeschreibung/Standardbaubeschreibung/ Bau- und Leistungsbeschreibung (BuL)

Die Begriffe Baubeschreibung, Standardbaubeschreibung und Bau- und Leistungsbeschreibung (BuL) bezeichnen ein und dasselbe Dokument. Dieses Schriftstück ist einer der zentralen Bestandteile eines Bauvertrags. Hier versucht der Hausbaupartner darzustellen, was er Ihnen bauen möchte. Nicht selten basieren diese Angaben auf einem Typenhaus des Anbieters, das in der Angebotsphase vielleicht noch an den Ihnen vorgelegten ggf. abweichenden

Entwurf angepasst wurde. Im Regelfall steht darin, was an Bauleistungen ausgeführt werden soll.

Für alle ab dem 01.01.2018 geschlossenen Bauverträge mit einem Verbraucher ist die Vorlage einer Baubeschreibung Pflicht. Was die vertragsrechtlichen Konsequenzen einer fehlenden Baubeschreibung sein werden, ist derzeit noch nicht klar. Denn hierzu fehlt es derzeit noch an Rechtsprechung. Im BGB selber findet sich unter § 650k Abs. 2 BGB eine Auslegungsregel, wonach bei Unklarheit oder Unvollständigkeit der Vertrag unter Berücksichtigung sämtlicher vertragsbegleitender Umstände, insbesondere des Komfort- und Qualitätsstandards, nach der übrigen Leistungsbeschreibung auszulegen ist. Zweifel bei der Auslegung gehen zulasten des Unternehmers. Das bedeutet, dass die Leistungsbeschreibung im Lichte des gesamten Konzepts zu verstehen ist.

Nur selten sind die Leistungen erwähnt, die nicht ausgeführt werden. Genau diese Leistungen sind das Entscheidende, denn dort lauern die Mehrkosten. Leistungen, die nicht ausgeführt werden, werden in der Regel nur dann explizit genannt, wenn den Hausbaupartner eine Aufklärungs- bzw. Hinweispflicht dazu trifft. Das kann z. B. beim Lärmschutz oder bei der Nichteinhaltung der Energiesparverordnung sein.

Nicht selten werden in der Baubeschreibung Aussagen getroffen, die sehr deutlich von den Aussagen in den Verkaufsprospekten/Imagebroschüren der Anbieter abweichen. Konnte man in der Imagebroschüre noch ohne jedwede Ausstattungseinschränkung von exklusiver Ausstattung und komfortablem Wohnen lesen, ist in der Baubeschreibung häufig nicht mehr viel zu finden, was den Begriffen exklusiv oder komfortabel nahe kommt bzw. wie sich diese Begrifflichkeiten dort niederschlagen. Da in der Regel die Baubeschreibung nach dem Vertrag gilt und nicht die Prospekte, ist es immer fraglich, ob und inwieweit auch eine Haftung aufgrund er Prospekte besteht bzw. ob das geschuldet ist, was in den Prospekten abgebildet ist.

Das Bundesministerium, das für den Wohnungsbau zuständig ist (es heißt nach jeder Legislaturperiode/Kabinettsumbildung anders), hat in Zusammenarbeit mit den Verbraucherschutzverbänden eine Checkliste zur Auswertung der Leistungsbeschreibungen für Ein- und Zweifamilienhäuser erarbeitet. Diese Liste kann über verschiedene Quellen bezogen werden (Suchbegriff für die Internetrecherche: »Checkliste Baubeschreibung«).

**Gehen Sie mehrstufig vor!**

Vergleichen Sie die Baubeschreibungen der verschiedenen Angebote unter Anwendung der Checkliste, die das jeweils für das Bauen zuständige Ministerium derzeit veröffentlicht. Achten Sie insbesondere auf die Leistungen, die in den jeweiligen Angeboten nicht enthalten sind.

Prüfen Sie die Baubeschreibung der Angebote, die in die engere Wahl kommen, durch Quervergleich mit der Checkliste über den Inhalt einer Baubeschreibung und der nicht enthaltenen Leistungen.

Vergleichen Sie Verkaufsversprechen aus dem Imageprospekt mit den konkreten Aussagen der Baubeschreibung. Es kann auch sinnvoll sein, sich die Baubeschreibung durch einen Bausachverständigen erklären zu lassen, den Sie dafür zusätzlich beauftragen. Oft verhindert dies, dass Sachen vergessen werden oder unterschiedliche Vorstellungen darüber bestehen, was ausgeführt wird. Diese Investition kann sich daher für Sie sehr lohnen.

### 7.1.2    Die Ergänzung(en) zur Baubeschreibung

Sonderwünsche, Ausführungen und Ergänzungen, die von der Standardbaubeschreibung abweichen, werden oftmals in einem zusätzlichen mehr oder weniger ausführlichen Dokument in Prosa oder in Tabellenform aufgeführt. Damit existieren zwei sich in Teilbereichen widersprechende Dokumente (z. B. Standardbaubeschreibung, Ausführungspläne, Bemusterungsprotokoll) für Ihr Bauvorhaben. Dies führt leicht zu Verwirrung und Missverständnissen. Unabhängig davon, dass Sie kaum mehr wissen, was Sie für Ihr Geld bekommen, sind auf der Baustelle selten beide Dokumente verfügbar. Falls doch, ist es bei einer solchen Aktenlage eine Herausforderung – auch für einen Techniker oder Juristen – das richtige Dokument für die Bauausführung auszuwählen. Es empfiehlt sich daher, die Baubeschreibung dem tatsächlich Beauftragten anzupassen. Das macht vielleicht zu Beginn viel Mühe, ist aber bei der Ausführung Gold wert und vermeidet unnötige Auseinandersetzungen über die Frage, was nun vertraglich beauftragt wurde. Die vereinbarten Ergänzungen zur Baubeschreibung sollten unbedingt auch in die Ausführungs- oder Werkplänen eingearbeitet werden. Sonst besteht die Gefahr, dass diese Dokumente unterschiedliche Aussagen und Inhalte haben. Kein Handwerker kann dabei, außer dem rein Handwerklichen, jetzt noch was richtig machen und es ist sehr unwahrscheinlich, dass dann noch das gebaut wird, was Sie meinen, beauftragt zu haben.

Grundsätzlich stellt es kein Problem dar, die Standardbaubeschreibung und die angebotenen und beauftragten Sonderwünsche zu einer einzigen Projektbaubeschreibung zusammenzufassen und die Änderungen, Ergänzungen und Abweichungen in die Ausführungs- oder Werkplanung einzuarbeiten. Es kostet die Zeit des Bauunternehmers, seiner Mitarbeiter und auch Ihre eigene. Denn Sie sollten/müssen das neue Zentraldokument, die Projektbaubeschreibung, prüfen und freigeben. Dazu sollten Sie verstehen, was sich wo wiederfindet und wie es in der Baubeschreibung dargestellt wird. Das bedeutet, dass Sie zunächst aus mehreren Dokumenten eines machen, was möglicherweise sehr zeitaufwendig ist. Dafür vereinfacht sich die Bauabwicklung in der Ausführungsphase. Erfahrungsgemäß sparen Sie am Ende doch mehr Zeit, als Sie für die Erstellung des einheitlichen Dokuments verwandt haben. Darüber hinaus müssen nicht mehr oder zumindest viel weniger Widersprüche während der Bauausführung oder am Ende diskutiert werden.

Versuchen Sie, die Erstellung einer einzigen Projektbaubeschreibung durchzusetzen, die für Ihr Bauvorhaben zum verbindlichen Vertragsbestandteil wird. Das erleichtert allen Baubeteiligten das Arbeiten nach Vertragsabschluss.

### 7.1.3 Baueingabeplanung/Bauantrag

Die Begriffe Baueingabeplanung und Bauantrag bezeichnen ein und dasselbe Dokument. Dabei handelt es sich zumeist um eine sehr grobe Übersichtsdarstellung darüber, was gebaut werden soll und dient in erster Linie der Genehmigung Ihres Bauvorhabens. Baueingabepläne haben normalerweise den Maßstab 1:100, d.h. 1 cm im Plan entspricht 1 m in der Realität.

**94**

Für die Bauausführung ist die Baueingabeplanung nur insoweit maßgebend, als sie die äußeren Abmessungen festschreibt und die Gestaltungsvorgabe darstellt.

Das Entwässerungsgesuch als eigenständiger Bestandteil des Bauantrags ist für die Bauausführung hingegen durchaus relevant. Darin ist dargestellt, wie die Entwässerungssituation des Hauses und die Rückstausicherung tief liegender Entwässerungsstellen ausgeführt werden sollen. Es ist einer der wenigen Pläne, in denen die Leitungsführung der Entwässerungsleitungen zumindest schematisch dargestellt ist.

### 7.1.4 Werkplanung und Detailplanung

In der Werkplanung wird das dargestellt, was gebaut werden soll. Sie muss alle ausführungsrelevanten Maße und stofflichen Angaben im Detail enthalten, die für die Bauausführung maßgebend sind. Der Maßstab beträgt normalerweise 1:50, d.h. 2 cm im Plan entsprechen 1 m in der baulichen Realität. Ihre beauftragten Sonderwünsche sollten in die Werkplanung einfließen bzw. eingeflossen sein. Wenn nicht, besteht eine gewisse Wahrscheinlichkeit, dass unschöne Diskussionen entstehen.

In der Werkplanung fließen die Ergebnisse der Tragwerksplanung, der Wärmeschutzberechnung sowie andere Planungsleistungen von Sonderfachleuten/Fachingenieuren und Ihre beauftragten (!) Sonderwünsche zusammen. Dies ist zumindest theoretisch der Fall, sicherheitshalber sollten Sie dies nochmals überprüfen bzw. überprüfen lassen.

Detailpläne ergänzen die Werkplanung und bilden Teilbereiche ab, die im Maßstab 1:50 nicht mehr leserlich darstellbar sind. Der Maßstab reicht von 1:20 über 1:10 bis hin zu 1:1.

Dabei sind die Planung der Bauwerksabdichtung und die Planung der luftdichten Gebäudehülle von besonderer Bedeutung, da diese Bauleistungen sehr häufig mängelbehaftet sind. Bei Wirksamwerden des Mangels ist mit beträchtlichem Aufwand, Störung des Wohnfriedens und immensen Kosten zu rechnen. Denn ein solcher Mangel ist selten überhaupt in Gänze zu beseitigen und eine Mängel- oder Schadensbeseitigung oft sehr kostspielig.

### 7.1.5 Statische Berechnung/Nachweis der Standsicherheit

Die Standsicherheit von Gebäuden muss nachgewiesen werden. Diese Forderung findet sich in jeder Landesbauordnung bzw. in ergänzenden Rechtsvorschriften. Üblicherweise stellt die statische Berechnung eine Fachingenieurleistung dar.

An die Statik eines Gebäudes sind grundlegende Anforderungen gestellt. Es geht dabei neben der reinen Standsicherheit auch darum, dass das Bauwerk und seine Teile gebrauchstauglich sein müssen, d.h. dass sich einstellende Verformungen, z. B. Deckendurchbiegungen, ein definiertes Höchstmaß nicht überschreiten dürfen. Im Extremfall müssten Sie ansonsten ihre Schränke an die Wände dübeln, um sie am Umkippen zu hindern.

Auf ein Gebäude wirken neben dem reinen Eigengewicht und den Lasten, die aus der Nutzung resultieren, auch Wind, dynamische Belastungen und je nachdem, wo Sie bauen, auch Kräfte von Erdbeben ein. Diese Einwirkungen (mit Ausnahme der Einwirkungen aus Erdbeben) müssen durch eine tragende Struktur schadenfrei in den Baugrund abgeleitet werden können. Der Erdbebennachweis belegt, dass das Gebäude bei den üblichen Beben stehen bleibt, allerdings darf es zu Rissbildungen kommen. Hier geht es darum, dass Sie im Erdbebenfalle sicher aus dem Gebäude herauskommen können.

### 7.1.6 Die Tragwerksplanung

Im Rahmen der Tragwerksplanung werden die Ergebnisse der statischen Berechnung in die Sprache der Baustelle, den Plan, umgesetzt. Auch das ist im Regelfall eine Planungsleistung, die von einem Fachingenieur, dem Tragwerksplaner, erbracht wird. Diese Planung enthält Angaben zu Beton- und Mauerwerksgüten, Betondeckungen sowie Bewehrungsführung und -lage. Die Tragwerksplanung dient der dauerhaften Standfestigkeit eines Gebäudes.

### 7.1.7 Der Bauzeitenplan

In der Regel handelt es sich beim Bauzeitenplan, der manchmal übergeben wird, um eine reine Absichtserklärung mit dem selten bis nie ausgesprochenen Einleitungssatz: »Wenn alles gut geht, dann …«. Schlechtes Wetter und alle möglichen Unwägbarkeiten verlängern grundsätzlich nahezu

**96**

immer die Bauzeit, d.h. der ehemals optimistisch angegebene Fertigstellungstermin verschiebt sich immer weiter nach hinten. Das hat für den Ersteller den Vorteil, dass Sie zeitlich immer mehr unter Druck kommen, was zu schnellen und kostenintensiven Entscheidungen auf Ihrer Seite führen kann, z.B. wenn Sie gerne in Ihr Haus ziehen würden und mit gepackten Koffern vor der Tür stehen. Der Unternehmer hat diese Not nicht, für Ihn spielt der Faktor Zeit deshalb keine so große Rolle.

Vereinbaren Sie in den Vertragsverhandlungen einen verbindlichen Abnahme- und Übergabetermin. Kündigen Sie den Mietvertrag Ihrer Wohnung so spät wie möglich und lassen Sie sich selbst einen Zeitpuffer von möglichst mehreren Wochen. Bei Verträgen, die nach dem 01.01.2018 geschlossen wurden, ist es nach dem Gesetzgeber gemäß §650 k Abs. 3 BGB bei Verbrauchern schon vorgesehen, dass zumindest eine Ausführungsdauer neben der Baubeschreibung anzugeben ist. Es ist aber nicht unbedingt vorgesehen, dass Sie ein bestimmtes Enddatum vertraglich vereinbaren. Manchmal kann bei Vertragsabschluss das Enddatum noch nicht angegeben werden, wenn z.B. erst eine Baugenehmigung abgewartet werden muss. Es ist aber sehr sinnvoll, den Bauabschluss so genau wie möglich festzulegen, ggf. auch mit einem »spätestens bis…« und die Nichteinhaltung unter Vertragsstrafe zu setzen, sodass zumindest ein Anreiz für den Unternehmer für die rechtzeitige Fertigstellung besteht. Zwar gibt es immer wieder Ereignisse, die diese Vertragsstrafe aushebeln kann, aber erfahrungsgemäß ist es besser, sie zu vereinbaren. Denn ohne Vertragsstrafe bleibt Ihnen für die verspätete Herstellung nur der Schadensersatz. Dazu müssen Sie zumindest einen Schaden haben und diesen nachweisen. Bei Gericht ist so ein Schadensersatz oftmals nur sehr schwer durchzusetzen. Eine Vertragsstrafe ist – im Vergleich dazu – meistens viel leichter durchsetzbar.

Schlechtwetter verlängert die Bauzeit – diese Aussage ist auf allen Bauzeitenplänen zu lesen. Jedoch trifft es im Regelfall nicht zu, denn es gibt für das ganze Bundesgebiet Klimatabellen, die übliche Klimaverläufe am Baustandort zeigen. Es ist normales Klimageschehen, dass es ganzjährig auch mal längere Regenperioden gibt, oder dass im Winter über mehrere Tage aus frostbedingten Gründen nicht gearbeitet werden kann. Wenn Ihr Hausbaupartner die Auftragsdurchführung über Winter zusagt, muss er die Bauzeit unter Berücksichtigung der jahreszeitlich üblichen Witterungsbedingungen kalkulieren, dazu gehören Frost- und Regentage. Außergewöhnlich lang andauernde Kälteperioden, wie sie immer mal wieder auftreten, verlängern die Bauzeit tatsächlich. Das ist seitens des Hausbaupartners aber nachzuweisen. Erfahrungsgemäß kommt dies eher selten vor. Von daher ist beim Bauen nicht alles als Schlechtwetter einzuordnen, was sich für einen selbst manchmal so anfühlt.

## 7.1.8    Zahlungsplan

Zahlungspläne gibt es im Regelfall bei Verträgen mit Generalunter- oder Generalübernehmern bzw. Systemhaus- oder Fertighausanbietern. Sie bauen darauf auf, dass zu bestimmten Bautenständen bestimmte, zumeist in Prozentzahlen gefasste und gerundete Margen der Vertragssumme zur Zahlung fällig werden und demzufolge zu bezahlen sind. Es liegt naturgemäß im ureigensten Interesse Ihres Hausbaupartners, seinen eigenen Vorfinanzierungsbedarf so gering wie möglich zu halten, denn auch er muss für die Leistungen, die andere in seinem Auftrag erbringen, bezahlen. Daher sind die meisten Zahlungspläne so gestrickt, dass sie diesem Manko entgegenwirken und möglichst schnell ein Status quo der »Überzahlung« herbeiführen. Auch hier hilft ggf. ein durch Ihren Anwalt oder Sachverständigen moderiertes oder beratendes Verhandeln – im Idealfall bereits bevor Sie den Vertrag schließen. Denn dann kann in der Regel der Zahlungsplan noch verhandelt werden. Oftmals stehen bei den fälligen Zahlungen Begriffe, die nicht unbedingt den Bautenstand wiedergeben. Erfahrungsgemäß ist es aber sinnvoll, einen Zahlungsplan nach dem Bautenstand zu vereinbaren. Denn diesen sollten Sie dann am besten gemeinsam vor jeder Rechnungstellung feststellen. Dann hätten Sie die Gewissheit, Ihren Unternehmer nicht für die erbrachten Leistungen überzahlt und somit keine Vorauszahlung geleistet zu haben. Nicht selten kommt es vor, dass vom Unternehmer mehr in Rechnung gestellt wird, als tatsächlich an Bauleistung erbracht ist. Es gibt immer wieder Zahlungsvereinbarungen für Abschlagszahlungen – zumeist betitelt als Zahlungsplan –, wonach mehr zu zahlen ist, als an Bauleistung zu diesem Zeitpunkt tatsächlich geleistet ist. Dort sollten Sie immer aufpassen und sich überlegen, ob es eine Abschlagszahlung oder eine Vorauszahlung ist. Vorauszahlungen kann man sicherlich leisten. Üblicherweise werden Vorauszahlungen vom Unternehmer mit einer entsprechenden Bürgschaft gesichert. Sie sollten Gewissheit darüber haben, welche Form der Zahlung Sie tätigen.

**98**

Zahlungspläne sind nicht in Stein gemeißelt. Treten im Zuge der Bauausführung Mängel zutage und werden gerügt (!), dürfen Sie von den vereinbarten Abschlagszahlungen Einbehalte bis zur Höhe der einfachen Mängelbeseitigungskosten geltend machen. Nach Abnahme der Leistungen dürfen Sie das Zweifache der Mängelbeseitigungskosten einbehalten. Das ist zeitlich insofern schwierig, als dass man oftmals bei Abnahme bereits den größten Teil der Auftragssumme bezahlt hat. Allerdings gilt das auch für Mängel, die bei Abnahme gerügt werden. Sie sollten aber gleichwohl grundsätzlich darauf achten, dass der Vertrag so gestaltet ist, dass Sie bei Abnahme nicht nur einen marginalen Anteil der Auftragssumme noch zu zahlen haben, ohne dass der Gegenwert erbracht wurde. Der Einbehalt ist nach Mängelbeseitigung auszuzahlen. Denn dann haben Sie ja die vertraglich geschuldete Leistung erhalten und die Vergütung des Unternehmers/Auftragnehmers wird fällig.

Die Makler- und Bauträgerverordnung bietet Anhaltspunkte, welchen prozentualen Kostenanteil ein Zahlungsplan zu einem bestimmten Bautenstand haben kann und maximal haben sollte. Die vereinbarte Vertragssumme entspricht dabei 100 %:

- 40 % nach Fertigstellung der Rohbau- und Zimmerarbeiten,
- 8 % nach Fertigstellung der Dachrinnen und der Dacheindeckung,
- 3 % nach Rohinstallation der Heizung,
- 3 % nach Rohinstallation der Sanitäranlagen,
- 3 % nach Rohinstallation Elektro,
- 10 % nach Einbau der Fenster inkl. der Verglasung,
- 6 % nach Fertigstellung der Innenputzarbeiten (Beiputzarbeiten sind hiervon ausgeschlossen),
- 3 % nach Fertigstellung des Estrichs,
- 12 % nachdem das Haus bezugsfertig ist,
- 3 % nach Fertigstellung der Fassadenarbeiten,
- 5 % nach vollständiger Fertigstellung des Hauses.

Wird im Zuge der Bauabwicklung das Eigentum am Grundstück mit übertragen, sind hierfür 30 % der Vertragssumme (Summe aus Grundstückskosten und Gebäudekosten) anzusetzen.

Der Bauträger (bei Hauskauf) darf die vereinbarte Vertragssumme in maximal sieben Teilbeträgen verlangen.

## 7.1.9 Die Unterlagen zu Ihrem Hausbau

Klären Sie vor Vertragsschluss, welche Unterlagen Sie vor Baubeginn und welche Sie zur Abnahme erhalten, und vereinbaren Sie dies unbedingt im Vertrag. Es gibt eine Reihe von Hausbaufirmen, die mit der Herausgabe von Unterlagen, die zu einer Überprüfbarkeit von Leistungen führen, sehr zurückhaltend sind, obwohl diese Unterlagen erstellt werden müssen und teilweise sogar grundlegende Voraussetzung sind, damit überhaupt gebaut werden darf. Sie müssten einfach nur an den Bauherrn oder Käufer weitergegeben werden. Für Verbraucherbauverträge (§ 650 n BGB), die nach dem 01.01.2018 geschlossen wurden, gilt, dass die erforderlichen Unterlagen vor Beginn der Ausführung an Sie ausgehändigt werden, damit Sie gegenüber den Behörden nachweisen können, dass Sie nach den öffentlich rechtlichen Vorschriften bauen. Das gilt nicht, wenn Sie die Planung machen, bzw. einen Dritten damit beauftragt haben.

Nach Fertigstellung des Bauvorhabens müssen Sie schließlich die Unterlagen erhalten, die notwendig sind, um gegenüber den Behörden nachzuweisen, dass Sie nach den öffentlich-rechtlichen Vorschriften gebaut haben.

Das ist zwar schon mehr, als vor dem 01.01.2018 vorgesehen war, aber es reicht für Sie in der Regel bei Weitem nicht aus. Sie benötigen Unterlagen, aus denen eindeutig hervorgeht, welche Materialien verwendet und welche haustechnischen Anlagen gebaut wurden. Daher empfiehlt es sich, bei Vertragsschluss genau zu vereinbaren, welche Unterlagen Ihnen wann übergeben werden. Sie können auch die Abnahme davon abhängig machen, dass Ihnen diese Unterlagen ausgehändigt werden. Ob dann das Fehlen eines Nachweises oder einer Unterlage Sie berechtigt, die Abnahme zu verweigern, ist dann eine andere Frage. Wurde eine entsprechende Vereinbarung über die Abnahme nicht formuliert, ist es jedenfalls nicht klar, ob Sie die Abnahme verweigern dürfen, wenn die Unterlagen nicht übergeben worden sind.

Im Folgenden ist eine kleine Checkliste aufgeführt, die, das sei ausdrücklich erwähnt, keinen Anspruch auf Vollständigkeit hat.

Unterlagen, die dem Bauherrn vor Baubeginn vorliegen müssen:

> der Bauvertrag,
> die Baubeschreibung,
> die Teilungserklärung zum Kaufvertrag einzelner Einheiten (z. B. Eigentumswohnungen),
> Bauantragspläne/Baugesuchspläne (Maßstab 1:100),
> Werkpläne (Maßstab 1:50),
> Detailpläne mit allen zur Ausführung erforderlichen Details (Maßstab 1:10 bis 1:1),
> die statische Berechnung,
> Statikpläne (Positions-, Schal- und Bewehrungspläne mit Biegelisten),
> die Wärmeschutzberechnung mit Wärmebrückenkatalog bei detailliertem Nachweis (Konzept),
> das Baugrundgutachten.

Lassen Sie sich dabei nicht abspeisen – die Unterlagen braucht ein Sie begleitender Sachverständiger, um die Bauleistungen in technischer Hinsicht und im Hinblick auf die Einhaltung der vertraglich vereinbarten Beschaffenheit zu überprüfen. Bei einem Wiederverkauf müssen Sie unter Umständen genau diese Unterlagen vorlegen. Sie nicht vorlegen zu können, könnte eine drastische Kaufpreisminderung zur Folge haben. Die Überlassung in Papierform ist für Ihre Bauakte erforderlich; ein Sie begleitender Sachverständiger ist ggf. mit einer PDF-Datei besser bedient, sofern er ein mobiles Datenendgerät benutzt. Anderenfalls ist Papier die bessere Wahl.

Folgende Unterlagen werden bei der Übergabe oder Abnahme benötigt:

> der Blower-Door-Test (Prüfbericht und Luftdichtheitszertifikat),
> das Protokoll des hydraulischen Abgleichs der Heizungsanlage und ggf. weiterer Einrichtungen, z. B. der Erdsonden,
> die Prüfprotokolle der elektrischen Anlage,
> die Prüfprotokolle von Aufzugsanlagen (falls vorhanden),
> das Inbetriebnahmeprotokoll der Lüftungsanlage, inkl. der Einstellwerte,
> die abschließend bearbeitete Wärmeschutzberechnung mit Energiepass.

Auch diese Unterlagen werden alle erstellt, aber nur ungern weitergegeben, da dort unter Umständen Sachverhalte dargestellt werden, die Ihr Hausbaupartner Ihnen gegenüber nur ungern darlegt, weil dabei ggf. Ausführungsmängel aufgedeckt werden können.

## 7.2    Sicherheiten

Grundsätzlich sollten Sie sich überlegen, ob und in welcher Höhe Sie mit Ihrem Vertragspartner sogenannte Sicherheiten vereinbaren wollen. Oftmals werden Sicherheiten in Form einer Bürgschaft oder eines Bareinbehalts gegeben bzw. vereinbart. Sie sollen in der Regel das Insolvenzrisiko sichern. Hinzu kommt der sogenannte Sicherungszweck, der sich aus der Sicherheit selbst oder aus den vertraglichen Vereinbarungen ergeben kann. Es gibt z.B. Ausführungssicherheiten, die die mangelfreie Ausführung sichern. Darüber hinaus gibt es Sicherheiten für Mängel nach der Abnahme oder für Vorauszahlungen. Sicherheiten müssen grundsätzlich im Vertrag vereinbart werden. Ausnahmen hiervon sind solche, die im Gesetz genannt sind.

Nach § 632 a III BGB alte Fassung ist Ihnen als Endkunde, d.h. als Verbraucher, nach dem Gesetz eine Sicherheit in Höhe von 5 % der vereinbarten Vergütung zu geben. Gesichert werden soll damit die rechtzeitige Herstellung ohne wesentliche Mängel. Das gilt auch dann, wenn Sie einen Bauträgervertrag abschließen. Das wäre durchaus mit einer Ausführungssicherheit vergleichbar.

Für ab dem 01.01.2018 geschlossene Bauverträge ist dies in § 650 m II BGB geregelt. Diese Vorschrift findet weiter auch bei Bauträgerverträgen Anwendung. Das ergibt sich aus § 650 u II BGB. Das ist wichtig zu wissen, denn nicht immer wird diese Sicherheit geleistet.

§ 648 a BGB (seit dem 01.01.2018 § 650 f BGB) regelt grundsätzlich die Sicherheiten, die das ausführende Unternehmen von Ihnen verlangen kann. Damit soll das Vorfinanzierungsrisiko des Unternehmers gesichert werden. Bauen Sie ein Einfamilienhaus, so findet diese Regelung auf Sie als Verbraucher keine Anwendung.

Dafür gibt es jedoch nach wie vor § 648 BGB (seit dem 01.01.2018 § 650 f BGB). Sofern Sie Eigentümer des Grundstücks sind, kann der ausführende Handwerker oder Unternehmer in Höhe der ausstehenden Vergütung eine Bauhandwerkersicherungshypothek zulasten Ihres Grundstücks eintragen lassen. Dies geht auch im Wege einer einstweiligen Verfügung durch eine Vormerkung. Die einstweilige Verfügung ist eine Maßnahme im gerichtlichen Eilverfahren und bedarf eines Antrags bei Gericht. Durch die Vormerkung, die im Grundbuch einzutragen ist, soll sichergestellt werden, dass der Rang für den Unternehmer gewahrt wird. Denn dieser hat im Hauptsacheklageverfahren einen Anspruch auf Eintragung einer Bauhandwerkersicherungshypothek.

Mit beiden Sicherungsmitteln können auch die nicht erbrachten sowie die erbrachten und noch nicht bezahlten Leistungen gesichert werden.

## 7.3 Vertragsstrafe

Was ist, wenn Ihr Haus nicht rechtzeitig fertig werden sollte? Denken Sie bitte frühzeitig an diese Situation. Denn es kommt immer wieder vor, dass ein Bauvorhaben nicht dann fertig wird, wenn es der Bauherr erwartet.

Damit zwischen den Vertragspartnern keine Missverständnisse auftreten, vereinbaren Sie ein Datum, das Sie in den Vertrag als Endtermin aufnehmen. Wenn noch kein konkretes Datum (z.B. 31.10.2019) vereinbart werden kann, dann sollten Sie zumindest ein bestimmbares Datum (z B. neun Monate Bauzeit nach Erteilung der Baugenehmigung) vereinbaren. Auch wenn Sie keine Vertragsstrafe vereinbart haben sollten oder über die Vertragsstrafe hinaus ggf. noch weiteren Schadenersatz geltend machen wollen, empfiehlt es sich, ein Datum in den Vertrag aufzunehmen, zu dem der Unternehmer spätestens fertig sein muss und insbesondere die finanziellen Folgen benennen, wenn ein Einzug bis zu diesem Zeitpunkt nicht möglich ist. Die Erfahrung zeigt, dass die Vorstellungen, wann das Haus fertig sein soll, ohne Vereinbarung zwischen Bauherrn und Unternehmen deutlich auseinandergehen. Deshalb sah sich auch der Gesetzgeber veranlasst, für alle nach dem 01.01.2018 geschlossenen Bauverträge mit Verbrauchern grundsätzlich festzuschreiben, dass zumindest eine Ausführungszeit zu vereinbaren ist (§ 650 k III BGB). Allerdings sagt der Gesetzgeber nicht, was passiert, wenn dies nicht erfolgt und sich auch sonst darüber keine Vereinbarungen finden lassen (z.B. Gespräche vor Vertragsunterzeichnung).

Sie können mit Ihrem Vertragspartner darüber hinaus vertraglich vereinbaren, was passiert, wenn der Termin von dem ausführenden Unternehmen schuldhaft nicht gehalten wird. Dies wird Vertragsstrafe genannt. Das soll ein Anreiz für den Unternehmer sein, fristgemäß fertig zu werden. Eine Vertragsstrafe sollte auf jeden Fall vor, spätestens aber bei Vertragsschluss vereinbart werden. Zu einem späteren Zeitpunkt ist dies meist nur noch schwer durchsetzbar.

**103**

Haben Sie wirksam eine Vertragsstrafe vereinbart, so brauchen Sie nicht zu beweisen, dass Ihnen ein Schaden in Höhe der verwirkten Vertragsstrafe entstanden ist. Sie brauchen lediglich zu beweisen, dass Ihr Vertragspartner, das ausführende Unternehmen, sich in Verzug mit der Fertigstellung befand. Haben Sie darüber hinaus einen höheren Schaden, so wird die Vertragsstrafe auf den Schadensersatz hinzugerechnet, d. h. Sie erhalten eine Entschädigung aus der Vertragsstrafe und aus dem darüber hinaus nachgewiesenen Schaden, der auf die schuldhafte Handlung des ausführenden Unternehmens zurückzuführen ist.

Überlegen Sie auch, ob Sie einen möglichen Schadensersatzanspruch, der neben der Vertragsstrafe besteht, auf eine bestimmte Summe beschränken wollen. Solche Deckelungen finden sich in einigen Verträgen wieder, gerade auch in Bauträgerverträgen. Haben Sie eine solche Vereinbarung getroffen, können Sie später in der Regel keinen höheren als den vertraglich festgelegten Schadensersatz erhalten.

In diesem Punkt empfiehlt sich eine rechtliche Beratung, da es hierzu viele Rechtsprechungen gibt. Gerade bei Verträgen, die für eine Vielzahl von Fällen verwendet werden, werden Allgemeine Geschäftsbedingungen angewandt, wenn solche Regelungen oder Klauseln eingebaut werden.

Denn oftmals sind die vorgeschlagenen Regelungen nicht leicht verständlich. Ferner stellt sich die Frage nach Zwischenterminen, die vielleicht schon einer Vertragsstrafe unterliegen sollten.

## 7.4 Das neue Bauvertragsrecht – ein Überblick

Am 01.01.2018 ist das sogenannte neue Bauvertragsrecht in Kraft getreten. Das bedeutet, dass in die Vorschriften des Werkvertragsrechts neue Vorschriften aufgenommen wurden, die den neu geschaffenen Bauvertrag betreffen.

Das Bauvertragsrecht war im Bürgerlichen Gesetzbuch (BGB) bisher nicht geregelt, sondern es fanden die allgemeinen Werkvertragsvorschriften auch auf das private Baurecht Anwendung. Wesentliche bautypische Abläufe und Verfahren waren im BGB nicht geregelt. Es fehlten insbesondere für Verbraucherverträge angepasste Regelungen. Ziel des Gesetzentwurfs war, wichtige Gedanken aus der VOB/B in das BGB zu übernehmen, wesentliche im Bauvertragsrecht bislang nicht vorhandene Regelungen neu aufzunehmen und im Lichte des Verbraucherschutzes die bisherigen und neuen Paragrafen speziell auf Verbraucher anzupassen. Die Gesetzesänderungen betreffen sowohl die allgemeinen Vorschriften als auch die jeweiligen Vertragstypen. Das neue Bauvertragsrecht gilt für alle ab dem 01.01.2018 geschlossenen Bauverträge sowie Planerverträge. Für alle bis dorthin geschlossenen Verträge findet das bis zum 31.12.2017 geltende BGB Anwendung.

Nachfolgend werden die für die Praxis wichtigsten Änderungen, die für Sie relevant sind, an dieser Stelle kurz zusammengefasst.

1. Eine fiktive Abnahme nach § 640 BGB ist künftig auch bei wesentlichen Mängeln möglich. Voraussetzung ist die Fertigstellung des Werks, das Setzen einer angemessenen Frist und keine Verweigerung der Abnahme unter Angaben von Mängeln. Lassen Sie als Auftraggeber bzw. Bauherr die Frist zur Erklärung der Abnahme verstreichen, ohne die Abnahme unter Verweis auf einen Mangel zu verweigern, gilt das Werk nach Fristablauf als abgenommen (auch wenn tatsächlich wesentliche Mängel bestehen). Als Verbraucher sind Sie auf diese Folge auf jeden Fall hinzuweisen. Darauf sollten Sie zukünftig unbedingt achten.
Darüber hinaus hat der Unternehmer bzw. Auftragnehmer im Falle der Verweigerung der Abnahme das Recht auf eine gemeinsame Leistungsfeststellung. Damit soll unter anderem sichergestellt werden, dass der Zustand zu diesem Zeitpunkt festgehalten wird. Verschlechtert sich z.B. das Werk, so kann dies nicht mehr zulasten des Unternehmers bzw. Auftragnehmers gehen, sofern dies nicht schon zu diesem Zeitpunkt bekannt war und festgehalten wurde.

2. Es gibt für alle Werkverträge ein außerordentliches Kündigungsrecht. Im Falle der Kündigung darf der Unternehmer bzw. Auftragnehmer eine gemeinsame Leistungsfeststellung fordern. Damit soll es dem Unternehmer erleichtert werden, seine Vergütung zu fordern. Sinnvoll ist auch, dass auf diese Weise z.B. Mängel festgehalten werden können.

3. Das BGB kennt nun auch die sogenannte Anordnungsbefugnis. Diese war bisher in dieser Form bzw. so ähnlich in der VOB Teil B vorgesehen, nicht aber im Bauvertrag. Sie als Bauherr haben demnach ein Anordnungsrecht für Leistungsänderungen. Allerdings ist der Unternehmer nur verpflichtet, die Anordnung auszuführen, wenn ihm dies zumutbar ist. Ist dies nicht der Fall, kann er die Ausführung berechtigt verweigern. Anordnen dürfen Sie auch erst 30 Tage nachdem Sie das erste Begehren einer Änderung ausgesprochen haben und Sie sich zusammen mit dem Unternehmer nicht über die Preise einigen konnten.

4. Ebenfalls neu geregelt ist die zusätzliche Vergütung derartiger Leistungsänderungen. Neu ist, dass sich die Vergütung nach den tatsächlichen Kosten plus Zuschläge für allgemeine Geschäftskosten sowie Wagnis und Gewinn richtet. Bislang musste der Auftragnehmer bzw. das ausführende Unternehmen nach der geltenden Rechtsprechung seine Vergütung auf Basis der hinterlegten oder erstellten Urkalkulation ermitteln. Diese Urkalkulation soll zwar noch als Vermutung für die geschuldete Vergütungshöhe dienen, allerdings nur, wenn sie bei Vertragsschluss hinterlegt worden ist.

5. Nun gibt es im BGB auch den Verbraucherbauvertrag. Ein Verbraucherbauvertrag liegt nur bei Verträgen über die Errichtung eines kompletten Gebäudes oder bei erheblichen Umbaumaßnahmen von gleichem Gewicht für das Gebäude mit einem Verbraucher, also Ihnen als Bauherrn, vor. Sie als Verbraucher müssen vor der Ausführung in Textform umfassend über die Leistungen informiert werden. Der Bauunternehmer muss in der Regel eine detaillierte Baubeschreibung des angebotenen Werkes erstellen und überreichen. Ihnen als Verbraucher wird sogar ein Widerrufsrecht des Verbraucherbauvertrags eingeräumt, es sei denn, der Vertrag wurde notariell beurkundet. Ebenfalls zum Schutz des Verbrauchers werden die dem Unternehmer zustehenden Abschlagszahlungen vor Abnahme auf insgesamt nicht mehr als 90 % der vereinbarten Vergütung einschließlich der Nachträge beschränkt. Hinzu kommt die 5 %ige Sicherheit, die nach wie vor an Sie zu leisten ist, wie es oben dargestellt ist. Sie wird in der Regel durch einen Bareinbehalt und eine entsprechende Bürgschaft geleistet.

6. Neu in das BGB aufgenommen wurde der sogenannte Architekten- und Ingenieurvertrag. Der Architektenvertrag ist als Zwei-Phasen-Modell ausgestaltet und gliedert sich in eine Zielfindungs- und eine Ausführungsphase. Es ist davon auszugehen, dass die Leistungsbilder der Honorarordnung für Architekten und Ingenieure (HOAI) für die Frage der Vergütung und auch die geschuldete Leistung heranzuziehen sind.

Das ist für Sie dann interessant, wenn Sie selbst einen Architekten mit der Planung, Ausschreibung und Bauüberwachung beauftragen. Denn dann steht Ihnen nach der Findungsphase ein Sonderkündigungsrecht für den Fall zu, dass Sie mehr als diese Phase beauftragt haben.

Nachdem der Architekt Ihnen als Besteller die entsprechenden Planungsgrundlagen und Kosteneinschätzung vorgelegt hat, können Sie innerhalb von zwei Wochen nach Vorlage dieser Unterlagen den Vertrag mit dem Planer kündigen. Da Sie darüber hinaus auch Verbraucher sind, sind Sie in Textform darüber zu belehren.

Allerdings ist eine abweichende Regelung zugunsten der Architekten und Ingenieure für die Frage der gesamtschuldnerischen Haftung mit dem Bauunternehmer ins BGB eingefügt worden. Architekten und Ingenieure können demnach im Falle einer Gesamtschuld mit dem Bauunternehmer erst dann in Anspruch genommen werden, wenn der Bauunternehmer erfolglos unter Fristsetzung zur Nachbesserung aufgefordert wurde.

7. Der Regierungsentwurf und die Begründung sehen bezüglich des Bauträgervertrags keine grundlegende Neuordnung des Bauträgervertragsrechts vor, sondern enthalten nur notwendige Klarstellungen und Anpassungen des Bauträgervertrags an das geänderte Recht des Bauvertrags und des Verbrauchervertrags. So gelten hinsichtlich der Errichtung und des Umbaus vorbehaltlich anderer Anordnungen die Vorschriften des Werkvertrags und es wird erläutert, welche Vorschriften des Werkvertragsrechts gerade keine Anwendung finden sollen. Das Recht der Abschlagszahlungen beim Bauträgervertrag bleibt unverändert.

# 8 Versicherungen

Wie in allen Lebensbereichen gilt es auch für Sie als Bauherr, sich gegen Risiken während der Bauphase zu versichern. Nachfolgend wird in Kürze auf die wichtigsten Versicherungen eingegangen.

## 8.1    Die Bauherrenhaftpflicht

Die Bauherrenhaftpflicht betrifft Sie nur dann, wenn Sie Bauherr sind, nicht als Käufer wie beim Bauträgervertrag. Sie als Grundstückseigentümer und Bauherr haften Dritten gegenüber für Schäden, die diese im Zusammenhang mit der Baumaßnahme an Leib und Leben oder an ihrem Eigentum bzw. Vermögen erleiden. Diese Versicherung ist zwingend erforderlich. Denn es könnten mitunter leicht Schäden entstehen, die sich im Bereich von mehreren Hunderttausend Euro bewegen.

## 8.2    Feuerrohbauversicherung/ Wohngebäudeversicherung

In der Bauzeit können infolge von Blitzeinschlägen oder einer Verkettung unglücklicher Umstände Brände entstehen, die die Anstrengungen und die Arbeit vieler Wochen zerstören können. Die Finanzierungszusage der Hypothekenbanken ist häufig an den Abschluss einer solchen Feuerrohbauversicherung gebunden. Es gibt Anbieter, die diese Versicherung direkt anbieten oder aber in Kombination mit der nach Abnahme wirksam werdenden Wohngebäudeversicherung.

## 8.3 Die Bauleistungsversicherung

Die Bauleistungsversicherung deckt Schäden ab, die während der Bauzeit durch Unwetter, Hochwasser oder Vandalismus entstehen können. In der Regel verfügen die bauausführenden Unternehmen über eine solche Versicherung. Sie als Bauherr können diese jedoch ebenso für Ihr Bauvorhaben abschließen. Wer diese Versicherung abschließt, sollten Sie vertraglich regeln.

## 8.4 Die Bauhelferunfallversicherung

Haben Sie die Baustelle bei der BG Bau angemeldet, sind Verletzungen und Körperschäden Ihrer Helfer samt Folgekosten über die BG Bau versichert. Die Bauherren sind in dieser Versicherung nicht eingeschlossen. Sie müssten sich separat versichern.

Wenden Sie sich an einen Versicherungsmakler Ihres Vertrauens. Wenn es sich um einen Makler einer bestimmten Versicherung handelt, sollten Sie parallel Angebote bei freien, unabhängigen Maklern einholen.

## 8.5 Die Bauherrenrechtsschutzversicherung

Die Bauherrenrechtsschutzversicherung ist eine hoffentlich unnötige Versicherung, aber wenn es zum Rechtsstreit kommt, ist sie ein echtes »Nice to have«. Juristen, die im Baubereich tätig sind, rechnen oftmals nach Stundensätzen ab, da Bauangelegenheiten sehr arbeitszeitintensiv sind. Die Stundensätze liegen in der Regel zwischen 200 und 300 Euro netto. Da aber der Streitwert in Bausachen ohnehin in der Regel sehr hoch ist, sind die Anwaltskosten auch dann hoch, wenn diese nach dem Rechtsanwaltsvergütungsgesetz, d.h. nach einer Pauschale abgerechnet werden. Und so richtig teuer wird es, wenn es vor Gericht geht. Denn dann kommen noch Gerichtskosten und die Kosten eines Sachverständigen hinzu.

Da Bauen an sich ja schon kein billiges Vergnügen ist, fehlt im Konfliktfall meistens das Geld, um diesen Konflikt gut beraten einer Lösung zuzuführen. Genau darauf könnte Ihr Hausbaupartner eventuell spekulieren.

Es sind Anbieter am Markt, die den Rechtsschutz in der Bauphase und während der Gewährleistungsfrist zu durchaus moderaten Prämien anbieten. Der Abschluss einer solchen Versicherung kann sich für Sie lohnen.

## 8.6    Die Gewährleistungsversicherung

Üblicherweise haben Sie, sofern Ihr Hausbaupartner nach Abschluss Ihres Bauvorhabens noch existiert, Gewährleistungsansprüche für die Dauer von fünf Jahren ab Abnahme. Existiert er nicht mehr, haben Sie ein vielschichtiges Problem, sofern es zu Baumängeln kommt. Schwierig wird es auch, wenn das Unternehmen zwar noch existiert, der Partner bei Mängeln aber gar nicht erst zur Inaugenscheinnahme erscheint. Die Gewährleistungsversicherung, die von mehreren Gesellschaften angeboten wird, deckt diese Risiken bis zu einer festen, vertraglich festgeschriebenen Höchstsumme ab. Dies kann durchaus attraktiv sein. Denn die Sicherheitseinbehalte, die Sie machen dürfen – sofern vertraglich vereinbart –, reichen höchst selten, wenn die Mängelbeseitigung umfangreicher wird.

Im Regelfall ist der Abschluss einer Gewährleistungsversicherung an die Begleitung der Baumaßnahme durch einen Bausachverständigen gebunden.

## 8.7    Die Baufertigstellungsversicherung

Diese Versicherung sichert Sie gegen das Insolvenzausfallrisiko Ihres Generalunternehmers ab. Sofern Sie die Möglichkeit haben, prüfen Sie die Bonität Ihres Generalunternehmers und überlegen Sie, ob Sie eine entsprechende Versicherung abschließen.

## 8.8    Weitere Versicherungen

Ob Eintritt der eigenen Arbeitslosigkeit oder andere Unwägbarkeiten, versicherbar ist prinzipiell fast alles. Es ist Ihre Entscheidung, welche gefühlte Sicherheit Sie haben wollen und auch, was Ihnen das in Form von Prämienzahlungen wert ist. Wenden Sie sich an den Versicherungsvertreter oder Makler Ihres Vertrauens. Holen Sie Vergleichsangebote ein.

**112**

**Machen Sie sich wehrhaft!** Das soll nicht heißen, dass Sie um jeden Preis streiten sollen. Schaffen Sie sich ein Umfeld und eine Situation aus der Sie – wenn gerechtfertigt – Ihre Ansprüche mit Nachdruck anmelden und durchsetzen können. Sie sind als Vertragspartner Ihrem Hausbaupartner gleichberechtigt und befinden sich nicht in einer Ihnen vertraglich zugewiesenen Opferrolle. Lassen Sie sich durch Fachleute in Bauvertrags-, Baurechts- sowie Bautechnikfragen begleiten. Um für mögliche Rechtsstreite gewappnet zu sein, können Sie zusätzlich eine Bauherrenrechtsschutzversicherung abschließen.

# 9 Die Planungsphase

Die Planungsphase gliedert sich in mehrere Stufen. Diese sollten auf einer sorgfältigen Grundlagenermittlung aufbauen.

Dazu gehören die Einsichtnahme in den Bebauungsplan, die Inaugenscheinnahme des Grundstücks und seiner Gegebenheiten einschließlich der Nachbaranwesen, die Einsichtnahme ins Baugrundgutachten oder seine Erstellung sowie die Klärung Ihrer Anforderungen und Bedürfnisse.

Die Form der Grundlagenermittlung würde ein Fertighausbauer oder ein Architekt/Planer durchführen, sofern Sie jemanden dazu beauftragen, was unbedingt zu empfehlen ist.

Die Vorplanung dient dazu, Ihren Wohnbedarf und Ihre Wohnbedürfnisse auszuloten und konzeptionell die Grundstruktur des Hauses zu entwickeln.

In der Baueingabeplanung, deren Endziel die genehmigungsfähige Planung ist, wird diese Grundkonzeption verfeinert und an die Vorgaben des Bebauungsplans angepasst. Der Darstellungsmaßstab dafür ist 1:100, d.h. 1 cm auf dem Plan entsprechen 100 cm in der Realität.

An die Genehmigungsplanung schließt sich die Werk- und Detailplanung an. Sie ist die Grundlage der Bauausführung. Der Darstellungsmaßstab ist hierbei 1:50, d.h. 1 cm auf dem Plan sind 50 cm auf der Baustelle resp. 2 cm auf dem Plan sind 1 m am Bauwerk. Die Detailpläne werden größer angefertigt in den Maßstäben 1:20; 1:10 bis hin 1:1.

Die Planung muss – das ist die Mindestanforderung – den **allgemein anerkannten Regeln der Technik** (a.a.R.d.T.) entsprechen. Die Bauausführung, die danach erfolgt, muss sich ebenfalls (Mindestanforderung) nach den a.a.R.d.T. richten.

Im Zuge der Werkplanerstellung erfolgen leicht zeitversetzt die Planungen der Haustechnik: Elektro-, Heizungs-, Lüftungs- und Sanitärinstallation. Dabei sollte auch das Luftdichtheitskonzept erarbeitet werden. Es muss die dauerhafte Luftundurchlässigkeit der Gebäudehülle inklusive der Fugen geplant werden. Dabei sind insbesondere die Übergänge und die Anschlüsse der Dampfsperrschichten zueinander zu planen.

Die Ergebnisse der Planungsphase sind Baueingabe, Werk- und Detailplanung, Tragwerksplanung, Luftdichtheits- und Lüftungskonzept sowie Haustechnikplanung. Sie bilden die Basis für ein mangelfreies oder aber mängelbehaftetes Haus. Keine handwerkliche Arbeit, und sei sie auch noch so akkurat und sorgfältig ausgeführt, kann eine planerische Konzeption, die zu einem mängelbehafteten Ergebnis führen muss, ausgleichen!

## Überprüfung der Pläne

Bevor Sie die Baueingabe unterschreiben, prüfen Sie die Abmessungen der eingezeichneten Möblierung. So mancher Planersteller trickst mit skalierten Ausstattungsobjekten, die kleiner dargestellt werden, als sie in Wirklichkeit sind. Die scheinbare Großzügigkeit auf dem Plan weicht dann auf der Baustelle schnell der Erkenntnis, dass doch alles kleiner ist als erwartet. Berücksichtigen Sie dabei die Hinweise zu einer von den Wänden abgerückten Möblierung im ersten oder in den ersten beiden Nutzungsjahren aus KAPITEL 17 DIE NUTZUNG DES GEBÄUDES. Dadurch werden verbleibende Durchgänge, z. B. zwischen Bett und Schlafzimmerschrank, plötzlich erschreckend schmal.

## Planmaße und Rohbaumaße

Bitte beachten Sie, dass die Planmaße in der Regel Rohbaumaße sind, d. h. die Putzstärke an den Wänden ist vom lichten Wohnraummaß noch abzuziehen, je angrenzender Wand sind das ungefähr 1,0 bis 1,5 cm. Hat ein Zimmer zwischen den begrenzenden Wänden eine Breite von 3,05 m, bleiben nach dem Putzauftrag nur noch 3,02 bis 3,03 m übrig.

## Höhenlage und Feuchteschutz

Achten Sie bereits bei der Baueingabe darauf, dass die Höhenlage des Hauses gegenüber der zu erschließenden Straße so gewählt wird, dass das Gelände allseitig zum Haus hin ansteigt und eine Zuwegungsgestaltung erfolgen kann, die ein Gefälle von 3 % Gefälle vom Haus weg aufweist. Nur so können Sie verhindern, dass Oberflächenwasser zum Haus hinläuft. Wenn der Bebauungsplan aufgrund der Vorgaben für First- und/oder Traufhöhe eine entsprechende Höhenlage zur Straße nicht zulässt, wäre ein Antrag auf Befreiung von dieser Auflage das Mittel der Wahl. Sollte diesem Antrag nicht stattgegeben werden, sind zum Teil sehr aufwendige bautechnische Lösungen erforderlich, um feuchtigkeitsbedingte Schäden auszuschließen.

In einer bestehenden Hanglage – Wasser fließt immer hangabwärts – muss sich der Planersteller etwas überlegen, wie er das Wasser um das Gebäude herumleitet.

# 10 Die Bauteile des Hauses

## 10.1 Keller

Die Frage, ob ein Keller gebaut werden soll oder nicht, wird unter vielerlei Gesichtspunkten diskutiert. Die Standpunkte sind ebenso vielfältig wie die Argumente dafür oder dagegen.

Ein Haus mit Keller kostet unbestritten deutlich mehr als das nahezu identische Haus ohne Keller, sofern keine besonderen Gründungsmaßnahmen erforderlich sind. Die Kosten für einen Keller liegen in der Größenordnung eines mittleren fünf- bis niedrigen sechsstelligen Euro-Betrags. Alle ver- und entsorgungsrelevanten Einrichtungen, die ansonsten im Keller Platz finden, müssen bei Häusern ohne Keller jedoch in irgendeiner Weise im Erdgeschoss oder in den anderen Geschossen bzw. in Anbauten oder Nebengebäuden untergebracht werden. Wenn diese Einrichtungen im Haus Platz finden müssen, geht demzufolge Wohnfläche verloren. Um dies auszugleichen, müsste das Haus ggf. größer erstellt werden, was wiederum zu Mehrkosten führt. Oder Sie geben sich mit einer geringeren Wohnfläche zufrieden. Dieser Entschluss fällt Paaren leichter, wenn die Kinder innerhalb weniger Jahre aus dem Haus sind oder schon nicht mehr zu Hause wohnen, als Paaren mit Kinderwunsch oder kleinen Kindern.

Platzreserve zu haben ist besser, als Platz zu brauchen, auch wenn Platzreserven die Sammelleidenschaft beider Geschlechter ungemein anspornen.

Von daher will die Entscheidung für oder gegen einen Keller gut überlegt sein. Nachträglich einen Keller unter Ihr Haus zu bauen, ist technisch sicherlich möglich, aber kaum zu finanzieren.

Die Kellerfrage stellt sich bei Grundstücken in Hanglage selten, denn dort ist er ein Teil der talseitigen Gründung und daher in der Regel erforderlich. Bei problematischen, weichen Baugrundverhältnissen mit der Notwendigkeit zur Tiefergründung bis auf tragfähigen Baugrund kann der Bau eines Kellers eine Maßnahme zur Kostenoptimierung sein.

### 10.1.1    Der wasserdichte Keller

Selbstverständlich erwarten Bauherren einen wasserdichten Keller. Dies erweist sich auf der Baustelle immer wieder als spannender Ablauf von Versuch und Irrtum. Grundsätzlich ist ein wasserdichter Keller vertraglich zu vereinbaren.

Das grundlegende Dokument dazu ist das Baugrundgutachten (siehe KAPITEL 5.2 DIE GEOLOGIE DES GRUNDSTÜCKS) mit den Aussagen zur Durchlässigkeit des Baugrundes in der Baugrubensohle sowie zu vorhandenem Wasser im Baugrund. Je nach Baugrundgutachten ist die bautechnische Ausführung festzulegen, die dazu führt, dass der Keller dauerhaft wasserdicht ist.

### 10.1.2    Keller mit Querschnittsabdichtung – wasserdichte Betonbauwerke

Richtig konstruierte und ausgeführte Betonkeller mit betonierter Bodenplatte und betonierten Kellerwänden sind im Ergebnis vergleichsweise unproblematisch. Hierbei kommt es auf die richtige Detailausbildung, die Wahl der richtigen Betonsorte, das richtige Einbringen und Verdichten des Betons sowie die richtige Nachbehandlung an. Eine undichte Stelle kann auftreten, ist aber mittels Injektionsverfahren auch nachträglich problemlos zu beherrschen. Die Verwendung von Teilfertigteilen, bei denen nur der Kernbereich ausbetoniert wird, ist grundsätzlich möglich. Auch hier kommt es auf eine sorgfältige Detailausbildung und auf eine sorgfältige Ausführung der Arbeiten an. Je schlanker die Betonquerschnitte im Wandkern werden, umso schwieriger wird es, den Vergussbeton in diesem Kernbereich bis zum Boden-/Wandanschluss zu führen. Die Erfahrung zeigt, dass nicht immer alle Mitarbeiter eines ausführenden Unternehmens entsprechend handwerklich geschult und qualifiziert sind.

**Bild 5** So sollten die Aufstandsfugen der Wandelemente eines Fertigkellers nicht aussehen: PU-Schaum hat dort nichts verloren.

Sofern Sie einen Architekten separat mit der Bauüberwachung beauftragt haben, sollte dieser bei der Herstellung des Kellers zugegen sein, da es sich dabei um eine der besonders überwachungspflichtigen Tätigkeiten handelt, bei der es um die Frage geht, ob der Keller vertragsgemäß nach den anerkannten Regeln der Technik und dicht hergestellt wird. Die Bauüberwachung ist eine Form von Kontrolle und der bauüberwachende Architekt soll eingreifen, wenn er Fehler bei der Ausführung feststellt. Oftmals können Fehler, die bei der Herstellung des Kellers gemacht werden, nicht ohne Weiteres im Nachhinein beseitigt werden und erzeugen einen erheblichen Kostenaufwand.

Leider können auch Systemkellerbauer – anders als erwartet – nicht immer überzeugen. Auch dort kann eine engere baubegleitende Qualitätskontrolle notwendig und sinnvoll sein.

Kelleraußenwände aus Beton sollten eine Wandstärke von mindestens 24 cm haben.

PU-Ortschaum hat in der Aufstandsfuge von Außenwandfertigteilen nichts zu suchen. Diese müssen, wie der Wandkern selbst, mit Verfüllbeton ausgefüllt sein.

Auf die Nachbehandlung kommt es an. Die Erhärtungsphase des Betons sollte ohne allzu große Klimaschwankungen und schnelle Austrocknungsprozesse (Windeinwirkung, solare Erwärmung) stattfinden können. Betonbauteile sollten vollflächig mit Folie abgehängt werden und am besten ungestört für zwei bis drei Tage abbinden können. Liegende Platten (Bodenplatten oder Decken) müssen in dieser Phase gerade bei Sonneneinstrahlung und/ oder Wind regelmäßig befeuchtet werden. Dabei ist das durch die Sonneneinstrahlung auf den Schlauch angewärmte Wasser besser als kaltes Wasser, da es kein schlagartiges Abkühlen und Zusammenziehen der Betonoberfläche bewirkt.

Dokumentieren Sie die einzelnen Arbeitsschritte – hierzu zählt ganz maßgeblich der Bewehrungseinbau – durch Bilder im »Bauherrlichen« Bautagebuch (siehe KAPITEL 14.2 BAUDOKUMENTATION: DAS »BAUHERRLICHE« BAUTAGEBUCH).

## 10.1.3  Keller mit Abdichtungsmembranen

Wenn Betonkeller über ihren Bauteilquerschnitt nicht wasserdicht erstellt werden oder ein Mauerwerkskeller gebaut wird, sind ergänzende Abdichtungsmaßnahmen zu treffen. Hierzu gibt es verschiedene langzeitbewährte Abdichtungsmaterialien auf dem Markt. Maßgebend dafür, dass eine Abdichtung auch wirklich dicht ist, sind:

▸ die sorgfältige Vorbereitung der Abdichtungsuntergründe,
▸ die Eignung der Untergründe für die Aufnahme der gewählten Abdichtung; Ortschaum oder Dämmstoffplatten sind dafür nicht geeignet,
▸ geeignete Oberflächen- und Lufttemperaturen,
▸ die sorgfältige Applikation der Abdichtung auf den Untergrund; die flüssigen oder pastösen Abdichtungsmassen sind mehrlagig in den Nassschichtdicken zu applizieren, die von den Herstellern angegeben werden,
▸ Gewebeeinlagen bei Beschichtungen oder Schlämmen,
▸ baubegleitende Überwachung durch die Bauleitung, den Bauherren und ggf. den mit der baubegleitenden Qualitätskontrolle beauftragten Sachverständigen (Terminankündigung erforderlich!),
▸ geeignete Schutzmaßnahmen für die Abdichtung. (Auch Mauerwerkskeller können über Abdichtungsmembranen dicht gemacht werden; die gemauerten Konstruktionen erreichen bei Wasserbeanspruchungen, die über den Lastfall Bodenfeuchtigkeit hinausgehen, aber schnell ihre Leistungsgrenzen.)

**Bild 6** Undichter Betonkeller nach vollständiger
Freilegung

**Bild 7** Aufstandsfuge
nach Auskratzen des
PU-Ortschaums im Zuge
der Kellersanierung

Bei Wänden mit Membranabdichtungen erfordert ein im Zuge der Nutzung auftretender Wassereintritt eine umfangreiche Freilegung der Wände bis Unterkante Bodenplatte und damit eine großräumige Zerstörung der Außenanlage und der Zuwegungen ans Haus. Bei Betonkellern genügt zumeist ein punktuelles Verpressen, es sei denn es liegt ein systematischer Fehler bei der Ausführung vor, z. B. umlaufend ausgeschäumte Aufstandsfugen.

Eine maßgebliche Einflussgröße für die Ausführung der Bauwerksabdichtung des Kellers ist die voraussichtliche Nutzung der Kellerräume. Hierzu sollten Sie langfristige Betrachtungen anstellen: Kommt für den gesamten Keller oder für Teilbereiche des Kellers eine wohnraumähnliche Nutzung infrage? Hierzu zählen das Bewohnen, eine wohnähnliche Nutzung, eine Nutzung als Büro,

**126**

Gewerbe- oder Hobbyraum und eine Nutzung als Lagerraum für hochwertige feuchteempfindliche Sachgüter, z. B. Möbel, Kleidung, Dokumente. In diesen Fällen ist die Abdichtung darauf auszulegen. Auch bei einer Ausführung als wasserdichter Betonkeller (Weiße Wanne oder Betonbauweise mit hohem Wassereindringwiderstand) sollte auf der Erdseite der Kellerwände eine hautbildende, wasserdampfundurchlässige Beschichtung aufgebracht werden. Wasserdichte Keller sind – richtig ausgeführt – dicht gegen Wasser in flüssiger Form. Wasserdampf hingegen findet über Diffusionsprozesse seinen Weg durch die betonierten Wände (Molekulartransport).

Bei gemauerten Kellern ist grundsätzlich eine vollflächige Abdichtung nach DIN 18533 vorzusehen. Wird hierbei mangelhaft gearbeitet oder wird die Abdichtung im Zuge der Arbeitsraumverfüllung beschädigt, muss der Keller wieder freigegraben werden.

Bei der Frage, wie Sie den Keller nutzen möchten, sollten Sie auch die Baugenehmigung bzw. die kommunalen Vorgaben berücksichtigen. Denn nicht in jedem Gebiet ist eine uneingeschränkte Nutzung des Kellers als Wohnraum überhaupt zulässig.

Für die Verarbeitung von Bitumendickbeschichtungen, mineralischen Dichtungsschlämmen oder von den neu entwickelten Abdichtungsprodukten sind die Verarbeitungsrichtlinien der Hersteller maßgebend. Diese sind unbedingt einzuhalten.

Bauwerks- bzw. Kellerabdichtung sind Bauleistungen, die sorgfältig geplant und ausgeführt werden müssen. Dazu bedarf es entsprechender Fachkenntnis. Bauwerks- und Kellerabdichtungen sollten immer von Profis vorgenommen werden.

Dokumentieren Sie für sich den Ablauf der Arbeitsschritte und der Abdichtungsarbeiten. Achten Sie auf die Klimarandbedingungen.

Fordern Sie den Bauleiter oder den bauleitenden Architekten zur Kontrolle der ordnungsgemäßen und richtigen Durchführung der Abdichtungsarbeiten auf.

Fordern Sie zeitnah ein Protokoll dieser Überprüfung ein.

Wenn Sie einen Bausachverständigen mit der baubegleitenden Qualitätskontrolle beauftragt haben, informieren Sie ihn bitte rechtzeitig über den vorgesehenen Beginn der Abdichtungsarbeiten, damit er Zeit hat, die Kontrolle in seinen Terminplan aufzunehmen.

Dokumentieren Sie die einzelnen Arbeitsschritte durch Bilder im »Bauherrlichen« Bautagebuch (siehe KAPITEL 14.2 BAUDOKUMENTATION: DAS »BAUHERRLICHE« BAUTAGEBUCH).

## 10.1.4 Der wärmegedämmte Keller

Üblicherweise werden heutzutage die Kelleraußenwände und häufig auch die Bodenplatte des Kellers auf der Erdseite vollflächig wärmegedämmt. Sie sind Teil der wärmedämmenden Gebäudehülle. Übliche Dämmstärken liegen zwischen 8 und 12 cm; man findet aber auch Keller, die mit bis zu 20 cm dicken hochwertigen Dämmstoffschichten eingepackt sind. Derartig dicke Dämmpakete sind nachweistechnisch und insbesondere wirtschaftlich infrage zu stellen. Viel entscheidender als die reine Dicke der Dämmschicht ist das verwendete Material. Üblicherweise werden im Ein- und Zweifamilienhausbau Dämmplatten aus Polystyrol (EPS = expandiertes Polystyrol, zumeist weiße oder leicht gelbliche Dämmplatten) oder aus XPS (extrudiertes Polystyrol, farbige Dämmplatten) verwendet.

**Bild 8** EPS-Perimeterdämmung vor dem Einbau

128

**Bild 9** XPS-Perimeterdämmung, vollflächig verklebt und gespachtelte Fugen

Der entscheidende Unterschied: EPS-Platten nehmen Wasser in die Plattenstruktur auf und verlieren bei aufstauendem Sickerwasser oder bei Druckwasserbeanspruchung einen Großteil ihrer dämmenden Wirkung. Bei XPS-Platten ist das nicht der Fall. Hier spielt die Anbringung die wesentliche Rolle. Während bei reiner Bodenfeuchte eine punktweise Verklebung ausreicht, muss es bei aufstauendem Sickerwasser oder bei Druckwasser zwingend eine vollflächige Verklebung sein. Wie die Verklebung zu erfolgen hat, ergibt sich aus den Verarbeitungsvorschriften der Hersteller. Alternativ zu XPS können auch Glasschaumplatten verwendet werden.

Bei der Auswahl des Dämmstoffs und der Verarbeitung werden häufig schwerwiegende Fehler gemacht. Fehler, die den gesamten Arbeits- und Kostenaufwand, der betrieben wurde und den Sie bezahlen müssen, zunichtemachen können. Bei energetisch geförderten Bauvorhaben kann durch die fehlerhafte Dämmstoffauswahl oder die falsche Verklebung die Förderung gefährdet werden.

Prüfen Sie das Baugrundgutachten im Hinblick auf den dort angegebenen Lastfall für die Abdichtung.

Lassen Sie sich schriftlich bestätigen, dass der gewählte Dämmstoff und die Montage auf den bescheinigten Lastfall abgestimmt sind. Lassen Sie sich die Verarbeitungsrichtlinien der Hersteller vorlegen und bescheinigen, dass die Anbringung der bauaufsichtlichen Zulassung des Dämmstoffs entspricht.

Dokumentieren Sie die Dämmstoffart und die Verarbeitung durch Bilder im »Bauherrlichen« Bautagebuch (siehe KAPITEL 14.2 BAU-DOKUMENTATION: DAS »BAUHERRLICHE« BAUTAGEBUCH).

Bei umfassend wärmegedämmten Kellern ist der Erdschluss an das umgebende Erdreich zu beachten. Vollgedämmte Keller sind durch die Dämmplatten, die wie ein elektrischer Isolator wirken, elektrisch vom sie umgebenden Erdreich abgekoppelt. Eine sich einstellende Potenzialdifferenz kann sich nicht ausgleichen. Daher ist es erforderlich, Edelstahlerdungsdrähte um das Gebäude herum zu verlegen, ab einer gewissen Bodenplattengröße auch unter der Bodenplattendämmung. Diese Erdungsdrähte müssen dann an den in der Bodenplatte verlegten Ringerder angeschlossen werden. Dies muss zwingend durch einen fachkundigen Installateur geschehen und ist durch eine Protokollmessung zu dokumentieren.

## 10.1.5    Die Kellerentwässerung

Sind im Keller Wasserzapfstellen und Wasserablaufstellen vorhanden, müssen diese gegen Rückstau gesichert werden. Rückstau tritt immer dann auf, wenn das öffentliche Kanalsystem aufgrund schwerer Regenfälle überlastet ist. Dann staut sich das Wasser in den Grundleitungen bis in die Häuser zurück. Dies ist unkritisch, solange alle Ablaufstellen oberhalb der Rückstauebene liegen und damit rückstausicher sind. Bei den nicht rückstausicheren Ablaufstellen unterhalb der Rückstauebene kann Wasser ins Gebäude eintreten und die tiefer liegenden Räume überfluten. Noch unangenehmer wird das, wenn neben dem Wasser auch noch Fäkalien in die Räume eindringen. Daher verlangen die lokal geltende Abwassersatzung und die Hausratversicherung, dass Abläufe unterhalb der Rückstauebene gegen Rückstau gesichert werden.

Diese Rückstausicherung kann unterschiedlich gestaltet werden. Es gibt Pumpanlagen sowie ein- und zweistufige Klappensysteme, sogenannte Rückstauklappen. Rückstauklappen haben in der Regel zwei Klappenventile auf der Kanalseite, das bei rückstauendem Wasser durch den Wasserdruck zugedrückt wird. Diese Ventile sind so lange dicht, bis sich Fremdstoffe (Stofffasern, Toilettenpapierreste etc.) auf dem Ventilsitz ablagern und die Klappen nicht mehr dicht schließen. Daher sind Rückstauklappen mehrfach jährlich zu warten. Im Schadensfall kann es durchaus sein, dass nach Wartungsbelegen (Rechnungen) gefragt wird. Pumpanlagen sind hingegen weniger anfällig. Das im Keller anfallende Schmutzwasser wird durch eine Pumpe über die Rückstauebene gehoben und erst dann der Schmutzwasserleitung zugeführt. Dieses oberhalb der Rückstauebene angeordnete »Rohrknie« stellt eine natürliche hydraulisch wirksame Rückstausicherung dar und ist praktisch wartungsfrei. Die Pumpanlage selbst sollte mindestens einmal jährlich gewartet werden, um die Funktionssicherheit zu gewährleisten. Zu beachten ist in beiden Varianten, dass nur die Ablaufstellen, die unterhalb der Rückstauebene liegen über die Rückstausicherung entwässern dürfen. Über der Rückstauebene liegende Ablaufstellen dürfen nicht über die Rückstausicherung entwässert werden, sondern müssen direkt in den Kanal geleitet werden.

Liegt das Erdgeschossniveau Ihres Hauses unterhalb des Straßenniveaus, kann die Rückstauproblematik bereits im Erdgeschoss auftreten. Die kritischen Ablaufstellen sind im Regelfall Dusche und Badewanne im Erdgeschoss sowie andere bodengleiche Abläufe.

## 10.1.6 Kellerfenster und Lichtschächte

Bei aufstauendem Sickerwasser oder drückendem Wasser kann der Wasseranfall in den Kellerlichtschächten zum Problem werden. Es regnet von oben in die Lichtschächte hinein, zusätzlich läuft auf Terrassen oder Zuwegungen stehendes Wasser herunter oder es staut aus dem umgebenden Erdreich über Fugen und Öffnungen in die Lichtschächte zurück. Je nach Aufstauhöhe tritt es über die Kellerfenster dann in den Keller ein. Schwere Regenfälle mit hohem Wasseranfall kommen zunehmend häufiger vor.

Das Baugrundgutachten liefert mit seinen Angaben zur Wasserdurchlässigkeit der anstehenden Böden die entscheidenden Informationen. Kann es zum Aufstau bis Oberkante Gelände kommen, sollte man wasserdichte Lichtschächte wählen, die über eine Aufstauentwässerung entwässert werden können oder aber das in den Lichtschächten anfallende Wasser rückstaugesichert der Kanalisation zuführen. Die rückstaugesicherte Entwässerung ist eine sehr kostenaufwendige Maßnahme.

In Hangsituationen, wo zu befürchten ist, dass oberflächlich über den Hang abfließendes Wasser von oben in die Lichtschächte eintritt, sollten Sie über den Einbau druckwasserdichter Kellerfenster nachdenken. Die deutlich preiswertere Alternative stellt der Verzicht von Kellerfenstern und Lichtschächten auf der Hangseite dar.

Generell sollten die Außenanlagen so erstellt werden, dass das Wasser vom Haus wegfließt, d.h. allseitig die Geländeoberfläche zum Haus hin ansteigt, auch auf der Hangseite!

 **Denken Sie Wasserdichtigkeit zu Ende!** Wenn das Baugrundgutachten einen wasserdichten Keller notwendig macht, dann berücksichtigen Sie dabei einen möglicherweise vorhandenen Kellerseiteneingang sowie alle Kellerfenster und Lichtschächte. Fragen Sie das Unternehmen, das den Keller baut, explizit danach. Insbesondere bei Fertighäusern in Holzbauweise ist das häufig ein anderes Unternehmen.

## 10.1.7 Kelleraußentreppe mit Seiteneingang

Die Kelleraußentreppe mit Seiteneingang ist eine immer gerne gebaute Hauserweiterung, weil es sehr praktisch ist, wenn man vom Keller direkt nach draußen kommt. Dieser Sonderwunsch stellt jedoch in der Regel ein teures Vergnügen dar. Neben der Bodenplatte und den Umfassungswänden dieses Bauteils, das wasserdicht aber gleichzeitig thermisch entkoppelt an den Keller angebunden sein muss, brauchen Sie ein Absturzgeländer und einen Handlauf sowie eine thermisch wirksame Zugangstür, die einen bestimmten

Einbruchsschutz haben sollte. Der Seiteneingang sollte rückstaugesichert entwässert und ggf. beleuchtet sein. Die Fassadenfläche wird größer. Alles in allem handelt es sich um eine Investition im unteren fünfstelligen Euro-Bereich (siehe dazu Kapitel 4.5 Kostengünstig bauen).

### 10.1.8   Bauen ohne Keller

Beim Bauen ohne Keller wird auf einer lastabtragenden Bodenplatte oder auf einer Bodenplatte, die auf Streifenfundamenten gegründet ist, gebaut.

Die Bodenplatte nimmt dabei die Lasten der lastabtragenden Außenwände und der lastabtragenden Innenwände auf. Sie sollte dazu ausreichend steif sein, d.h. ausreichend stark ausgeführt sein. Es gibt Bodenplatten ab 16 cm Stärke. Bei den für Rohbauarbeiten zulässigen Ebenheitstoleranzen und den Ebenheitstoleranzen für den Erdbau bleiben schnell mal nur noch 12 cm Bodenplattenstärke übrig. Von solch schlanken und angeblichen preiswerten Bodenplatten sollten Sie Abstand nehmen. Das auf der Bodenplatte erstellte Mauerwerk nimmt jede Verformung der Bodenplatte zur Kenntnis und wird ggf. mit Rissbildung auf diese Verformungen reagieren.

Wenn Bodenplatten auf Streifenfundamenten gegründet werden, dann sollten diese unter allen planmäßig lastabtragenden Wänden angeordnet sein. Das gilt bei Doppel- und Reihenhäusern auch für die Haustrennwand. Hintergrund: Im Bereich der Fundamente ist die an sich nachgiebige Bodenplatte steifer; sie verformt sich weniger als dort, wo keine Streifenfundamente sind. Solange keine lastabtragenden Wände darauf stehen, ist das nicht relevant. Wenn aber lastabtragende Wände auf einer nachgebenden, sich verformenden Bodenplatte stehen, kann es auch nach Jahren noch zu Rissbildungen dieser Wände kommen.

Streifenfundamente aus Kellerwandsteinen eignen sich nur bedingt dazu, die Steifigkeit einer Bodenplatte zu erhöhen. Sie sind für den Rohbauunternehmer und damit für den Generalunternehmer vergleichsweise preiswert zu erstellen und vermitteln den Anschein einer soliden Bauweise.

Ob mit oder ohne Streifenfundamente – der Baugrund unter der Bodenplatte sollte sich möglichst gar nicht, und wenn überhaupt, dann gleichmäßig setzen. Setzungsdifferenzen führen zu einer partiellen Verformung der Bodenplatte und damit zu Rissbildungen im Außenmauerwerk und im Außenputz oder der Verblenderfassade.

Wenn ohnehin eine Tiefergründung oder eine Sondergründung mit Gründungspfählen erforderlich werden sollte, um auf ausreichend tragfähigen Baugrund zu kommen, kann es durchaus sinnvoll sein, die Frage nach den Mehrkosten für einen Keller zu stellen und die Mehrkosten für die Gründung gegenzurechnen.

Grundsätzlich sei angemerkt, dass beim Neubau nicht bereits an der Gründung gespart werden sollte.

## 10.2 Die Außenwände

Die Außenwände bilden mit der außen angeordneten Fassade und ihrer Innenverkleidung die vertikale Hüllfläche des Gebäudes. Sie tragen die Lasten des Gebäudes in die Gründung ein. Sie schützen das Gebäude vor den Witterungseinflüssen (Sonne, Wind, Regen, Außentemperaturen). Sie bieten Sicht-, Wärme-, Schall- und Einbruchsschutz. Bei frei stehenden Ein- und Zweifamilienhäusern bilden die Außenwände mit die größte wärmeübertragende Hüllfläche.

Außenwände können in unterschiedlicher Ausführung erstellt werden:
- aus hoch wärmedämmenden Mauersteinen,
- aus preiswerteren weniger stark dämmenden Mauersteinen mit außen liegender Dämmung (Wärmedämmverbundsystem),
- aus Beton mit außen liegender Dämmung,
- als Holzkonstruktion mit gedämmten Gefachen und außen liegender Dämmung,
- als Vollholzwand in Blockbauweise,
- als Massivholzplatte mit außen liegender Dämmung oder
- als Dämmstoffhohlkörper, die mit Beton ausgegossen werden.

Eine außen liegende Wärmedämmung verändert die Schalldämmeigenschaften der dahinterliegenden tragenden Wandkonstruktion. Gerade in der Nähe verkehrsreicher Straßen oder häufig befahrener Gleisanlagen sollte man diesen Sachverhalt nicht aus den Augen verlieren. Häufig gibt es dazu bereits Vorgaben im Bebauungsplan.

**134**

## 10.3 Die Kunst der Fuge: der Übergang vom Gründungsbauteil zur Außenwand im Erdgeschoss

Ob Stahlbetonbodenplatte oder Kellerdecke – in beiden Fällen gibt es einen dem Geländeniveau nahen Übergang zwischen dem Gründungsbauteil und den Außenwänden im EG. Diese Übergangszone mit der Anschlussfuge ist einer der feuchtesensibelsten Bereiche am ganzen Haus. Bei richtiger Planung, sorgfältiger und handwerklich korrekter Ausführung treten keinerlei Probleme auf; bei fehlerhafter Ausführung sind Feuchteschäden an der Fassade bis hin zu Feuchteeintritt ins Hausinnere, verbunden mit allen unangenehmen Begleiterscheinungen, die Folge.

Dieser Übergangsbereich ist daher sorgfältig zu planen und zu detaillieren. Dazu gehört mehr als nur ein Standarddetail aus einem Detailhandbuch herauszukopieren und per »Drag and drop« in die Werkplanung einzufügen. Es sind verschiedene Ecksituationen, Fenstertür- und Türanschlüsse sowie unterschiedliche Geländesituationen zu prüfen und zu planen. Dementsprechend müssen die Details konstruiert werden.

Diese erdnahe Kontaktfuge ist gegen Feuchtigkeit abzudichten; die Fuge und die Außenseite der Außenwand müssen bis zu einer Höhe von 30 cm oberhalb des geplanten Geländes nach DIN 18533 abgedichtet werden. Eine Abdichtung muss lückenlos geplant und ausgeführt werden und als Dickbeschichtung eine ausreichende Schichtdicke aufweisen.

> Bei Fugenabdichtungen zwischen Gründungsbauteil und Außenwand können Sie gar nicht sorgfältig genug hinschauen. Kleine Nachlässigkeiten bei der Ausführung können sich auch bei nur tropfenweisem Wassereintritt ins Haus sehr schnell zu kapitalen Bauschäden auswachsen. Gerade bei Häusern in Holzbauart ist dieser Übergang besonders kritisch und daher mit besonderer Aufmerksamkeit zu betrachten

## 10.4   Die Innenwände

Innenwände trennen die einzelnen Räume eines Geschosses optisch, akustisch und energetisch voneinander ab. Teilweise haben sie eine tragende Rolle, d. h. sie tragen die Geschossdecke oder andere Teile der lastabtragenden Konstruktion. Oder sie haben nur eine raumtrennende Funktion, tragen also keine Lasten ab. Das kann man bei gemauerten Wänden üblicherweise an der Wanddicke erkennen. Bei Wänden in Holzbauweise ist das schwieriger zu erkennen. Nichttragende Wände sind von lasteinleitenden Bauteilen abzukoppeln. Werden nichttragende Wände infolge falscher Ausführung (z. B. zu starker Durchbiegung der Decke) zu tragenden Wänden gemacht, kann es zu Schäden, z. B. Rissbildungen, kommen.

Als raumtrennendes Bauteil kommt ihnen auch eine gewisse Schutzfunktion im Hinblick auf die Privatsphäre der einzelnen Räume zu. Dazu gehört nicht alleine der Sichtschutz, sondern auch der Schallschutz. Wer sich ins Schlafzimmer zurückzieht, möchte in der Regel nicht gestört werden. Dazu gehören auch akustische Einflüsse von außen. Es kann dem Familienfrieden und der Privatsphäre durchaus förderlich sein, bei Schlafräumen sowie bei Kinder- und Jugendzimmern über Wände mit besseren Schallschutzeigenschaften nachzudenken.

Innenwände werden gemauert und verputzt, gemauert und verspachtelt, in Metall- oder Holzständerbauweise mit plattenartigen Beplankungen oder als Massivholzwände erstellt. Die schalldämmende Wirkung hat entweder mit dem Wandgewicht zu tun (je schwerer, desto besser) oder mit dem mehrlagigen Aufbau der Wand.

Klären Sie die Fragestellung nach dem Schallschutz der Innenwände am besten vor Vertragsabschluss mit Ihrem Hausbaupartner.

**136**

## 10.5 Die Geschossdecken

Geschossdecken bilden die horizontale Untergliederung des Hauses und leiten die Belastungen, die auf die Decke wirken, in die Wände ab. Das sind in erster Linie das Eigengewicht der Decke und des Fußbodenaufbaus selbst sowie die Verkehrslasten, für die die Decken bemessen werden.

Die Ausführung kann als Stahlbetondecke, Steindecke mit Stahlträgern, Porenbetondecke, Holzbalkendecke oder Massivholzdecke erfolgen. Neben der Lastabtragung liefern die Geschossdecken einen nicht zu unterschätzenden Beitrag zum Schallschutz innerhalb des eigenen Hauses. Im Hinblick auf die Luftschalldämmung spielt die Deckenmasse (das Deckengewicht) die maßgebende Rolle. Je höher das Deckengewicht, umso besser ist im Regelfall die Luftschalldämmung der Deckenkonstruktion. Stahlbetonmassivdecken liegen hier ganz weit vorn, sofern sie die entsprechende Dicke haben. Geschlossene Holzbalkendecken sind dank der zur Resonanzdämpfung eingelegten Mineralwolle ebenfalls gut. Bei einer schallentkoppelten Aufhängung der Bekleidung sind die Schalldämmwerte noch besser. Sichtbare Holzbalkendecken schneiden im Hinblick auf den Luftschallschutz am schlechtesten ab. Ihnen fehlt es an Gewicht und an Dämpfungseinlagen. Das sollte man sich bei den Überlegungen zur Deckengestaltung bewusst machen.

Im Hinblick auf den Trittschallschutz spielen Deckengewicht, Deckenaufbau, Fußbodenaufbau, Fußbodenbelag und das getragene Schuhwerk eine Rolle. Das übliche Tapsen (Trampeln) von Kindern ist nicht gänzlich abzudämpfen, ebenso das Laufen mit Holzclogs oder Stilettos. Hartbeläge, wie Fliesen oder Parkett, dämpfen den Trittschall deutlich weniger als ein dickfloriger Teppichboden.

Klären Sie die Fragestellung nach dem Schallschutz der Geschossdecken am besten vor Vertragsabschluss mit Ihrem Hausbaupartner.

Deckenuntersichten haben wie alle Bauteile zulässige Ebenheitstoleranzen. Auch wenn diese in der Regel eingehalten werden, wird man bei Streiflicht (seitlich von der Seite einfallendes Licht) immer leichte Unebenheiten in der Deckenuntersicht erkennen.

Bei Ortbetondecken (Decken die unterseitig geschalt, armiert und betoniert werden) muss die Schalung vor dem Betonieren von Stahlresten und Bindedrahtabschnitten gereinigt werden. Erfolgt diese Reinigung nicht, zeichnen sich diese später durch rotbraune Verfärbungen (Rostflecken) an der Deckenunterseite ab. Das Gleiche gilt im Hinblick auf Blätter und Samenkapselreste, die vom Wind in die Schalung eingeweht werden. Derartige Fremdkörper und die damit einhergehenden Verfärbungen lassen sich im Nachhinein nur schwer bis gar nicht mehr in den Griff bekommen.

Die Ausbildung der Deckenauflager von Betondecken auf den gemauerten Außenwänden sollte auf einer Trennlage (z. B. Bitumenpappe) erfolgen, damit die in der Deckenebene wirkenden Kräfte nicht in das Mauerwerk der Außenwände eingeleitet werden. Unterbleibt das Einlegen der Trennlage, kommt es zum kraftschlüssigen Verbund des Deckenbetons mit der obersten Steinlage. Biegt sich die Decke nun unter Eigengewicht und Verkehrslasten durch oder schwindet sie infolge der Wasserabgabe, wirkt sich dies unmittelbar in der obersten durch den Verbund angekoppelten Steinlage aus. Die Rissbildung tritt im Regelfall in der Fuge unterhalb der obersten Steinlage auf.

## 10.6 Die Fenster und Terrassentüren

Fenster und Terrassentüren sind thermisch wirksame Öffnungsbauteile, welche die in den Außenwänden geplanten Wandöffnungen verschließen. Die Ausführung ist in Holz, Holz-Alu, Kunststoff und Kunststoff-Alu oder rein in Aluminium möglich. Mit einer 3-Scheiben-Isolierverglasung und thermisch entkoppelten Rahmenprofilen oder Kunststoff-Mehrkammerprofilen wurde die thermische Leistungsfähigkeit der Fenster enorm gesteigert. Allerdings sind Fenster im Hinblick auf den Dämmwert, den sogenannten U-Wert, noch immer deutlich schlechter als eine gut dämmende Außenwandkonstruktion. Und das ist gut so. Die Wassertropfen, die sich an der Verglasung zumeist knapp über den unteren Flügelrahmen niederschlagen, sind ein Indikator für eine überhöhte Raumluftfeuchte. Räume sollten in jedem Fall spätestens dann, wenn die Fensterscheiben beschlagen, gelüftet werden.

**138**

Fenstersprossen, große Rahmenanteile an der Gesamtfensterfläche, verschlechtern den U-Wert eines Fensters. Ebenso mindern durchwurfsichere Verglasungen oder Schallschutzverglasungen den U-Wert der damit ausgerüsteten Fenster.

Die heute gängigen Einhandbeschläge an Fenstern und Fenstertüren sollten eine Pilzkopfverriegelung aufweisen, die eine gewisse Einbruchsicherheit bieten. Weitere Sicherungsmaßnahmen sind möglich, kosten aber auch zusätzliches Geld.

Schallschutzfenster können je nach Außenlärmpegel nützlich sein und werden dann zumeist vom Bebauungsplan vorgegeben. Wenn Sie zu den Menschen gehören, die gerne bei offenem Fenster schlafen, müssen Sie mit dem Außenlärm leben oder Ihre Gewohnheiten ändern und die Fenster schließen, denn Schallschutzfenster nutzen nur dann, wenn sie geschlossen sind.

Beim Fenstereinbau müssen die Öffnungsbauteile nach bestimmten Vorgaben befestigt werden, damit sie die auftretenden Einwirkungen aus Wind, Öffnen und Schließen sowie Schwerkraft sicher in den Baukörper ableiten können. Die Bauteilanschlussfugen (Fugen zwischen Fensterrahmen und der Wand oder der Deckenplatte unten und oben) müssen luftdicht erstellt werden und verlangen deshalb eine sorgfältige handwerkliche Ausführung. Der verbleibende Luftspalt zwischen Fensterrahmen und den angrenzenden Bauteilen, die sogenannte Setzluft, muss thermisch wirksam ausgefüllt werden. Dies erfolgt im Normalfall mit PUR-Ortschaum, bei bestehenden Schallschutzanforderungen mit fest gestopfter Mineralwolle.

Bodentief öffnende Fenster in den Obergeschossen sind der aktuelle Architekturtrend. Geht man als Bauherr diesen Trend mit, sollte man Folgendes bedenken:

1. Es wird ein Geländer zur Absturzsicherung benötigt, das zusätzlich Geld kostet und das neben den unter Nutzungsgesichtspunkten vernachlässigbaren architektonischen Akzenten nur konstruktive Probleme bringen kann.

2. Ein bodentief öffnendes Fenster muss frei bleiben. Werden Möbel, z.B. Schreibtisch oder Sofa, davor platziert, lässt sich das Fenster nur noch in Kippstellung öffnen und der gewünschte Effekt ist nicht mehr möglich.

## Rollladen und Sonnenschutz

Große Fensterflächen an den zur Sonne ausgerichteten Seiten des Gebäudes bedeuten auch immer einen erhöhten solaren Energieeintrag. Gerade im Sommer heizen sich die nach Süden, Südwesten und Westen hin gelegenen Räume durch die solare Einstrahlung stark auf. Rollläden, Klappläden oder Jalousetten bieten hierbei die Möglichkeiten, diese Aufheizung zu reduzieren. Sie sind elementarer Bestandteil des sommerlichen Wärmeschutzes. Ohne diese der Verschattung dienenden Anlagen müssten Sie sich als Nutzer entweder mit hohen Raumtemperaturen arrangieren oder Geräte zur Kühlung und Klimatisierung einsetzen.

Bei Fenstern mit horizontal liegendem Sturz ist die Montage von Rollläden unproblematisch, bei Fenstern mit schrägem Sturz kann das sehr aufwendig und teuer werden.

Rollläden sind in der Regel windunempfindlicher als Jalousetten. Bei großen Jalousettenanlagen empfiehlt es sich, diese mit einem Windwächter zu koppeln, der sicherstellt, dass die Behänge bei größeren Windstärken automatisch hochgezogen und so windbedingte Beschädigungen der Anlagen verhindert werden.

Rollläden sind im Winter eine Maßnahme, um in den kalten Nächten die Energieverluste über die Glasflächen der Fenster zu reduzieren. Und natürlich bieten sie Sichtschutz und können den Einbruchwiderstand von Fenstern deutlich erhöhen.

Rollläden können sehr gut mit Einrichtungen zum Insektenschutz kombiniert werden. Gerade in insektenreichen Tallagen und in Flussniederungen bringen derartige Insektenschutzgitter eine deutliche Steigerung des Wohnwerts.

## 10.7    Die Haustür

Für viele Hauseigentümer ist sie das Symbol für das eigene Haus. Dementsprechend hoch sind die Erwartungen und Ansprüche, insbesondere an den Einbruchschutz der Haustür. Aber die Haustür ist, ähnlich wie die Fenster, ein thermisch wirksames Außenbauteil, das das warme, beheizte Innere des Hauses vom kalten Außen trennt. Allerdings sind die thermischen Anforderungen an Haustüren deutlich geringer, was im Grunde nur dann zu rechtfertigen

**140**

ist, wenn sie in einen unbeheizten Windfang oder einen Eingangsflur münden, der durch eine weitere Innentür vom beheizten Kernbereich des Hauses abgetrennt ist. Diese energetisch günstige Windfangsituation ist nicht immer gegeben. Bei direktem Zugang in den beheizten Kernbereich des Hauses lohnt es sich auf jeden Fall, in den Wärmedämmstandard der Haustür zu investieren. Die Einbruchsicherheit lässt sich durch entsprechende Schließmechanismen in der gewünschten Form realisieren.

Die gleichen Anforderungen an den Einbruchwiderstand sollten auch an die möglichen Nebeneingangstüren gestellt werden. Anders als die normalerweise von der Straße aus gut einsehbare Haustür bieten Nebenhaustüren Einbrechern ein deutlich günstigeres, sichtgeschütztes Umfeld für ihren Einbruchsversuch. Dort können sich Einbrecher wesentlich mehr Zeit lassen.

Grundsätzlich hat die Anordnung eines Windfangs, d.h. eines zweiten Türabschlusses nach der Hauseingangstür, nicht nur energetische Vorteile, sondern kann durchaus eine bewusste Trennung des Inneren vom Außen sein, die darüber hinaus als Wechselzone für das Schuhwerk fungieren kann.

## 10.8 Die Dachkonstruktion

In den meisten Fällen wird die Dachkonstruktion als Holzkonstruktion ausgeführt. Die Bauweisen sind unterschiedlich und hängen stark von den favorisierten Dachausführungen der Haushersteller ab. Die nachfolgenden Kapitel können lediglich einen Überblick über die unterschiedlichen Bauweisen und die ihnen eigenen Problemstellungen geben.

### 10.8.1 Fachwerkbinder

Viele Systemhaushersteller bieten bei nicht ausbaufähigen Dachgeschossen Konstruktionen mit Fachwerkbindern an. Das sind leichte, filigrane Holzkonstruktionen, die sich aufgrund des hohen Grades der Vorfertigung preisgünstig herstellen lassen. Die Nutzbarkeit des Dachgeschosses als Lagerfläche, gerade bei Häusern ohne Keller eigentlich unumgänglich, ist dabei stark eingeschränkt. Unter Umständen ist bei einer angedachten Nutzung als Lagerfläche eine Traglasterhöhung der Deckenbinder/Deckenbalken erforderlich. Ihr Hausbaupartner sollte mit den Herausforderungen, die diese Konstruktionsart mit sich bringt, vertraut sein.

## 10.8.2 Studiobinder

Hierbei handelt es sich ebenfalls um Dachbinder, die als leichte filigrane, vorgefertigte Konstruktion auf der Baustelle angeliefert werden. Sie sind so konstruiert, dass ein zum Ausbau geeigneter Dachraum verbleibt. Ihr Hausbaupartner sollte mit den Herausforderungen, die diese Konstruktionsart mit sich bringt, vertraut sein. Die besondere Herausforderung liegt in der Erstellung der Luftdichtheitsebene. Hier liegt ein hohes Schadenspotenzial für Feuchteschäden mit Schimmelpilzbefall und bei langer Feuchteeinwirkung auch mit Schwammbefall verborgen.

## 10.8.3 Das Kehlbalkendach

Kehlbalkendächer sind die älteste zimmermannsmäßige Dachform in Mitteleuropa. Dabei verbindet ein horizontal liegender Kehlbalken die beiden Sparren, die das Dachgebinde erzeugen. Der Kehlbalken ist dabei ein Universaltragglied, das Druck und Zugkräfte aufnimmt und an die angeschlossen Sparren verteilt.

## 10.8.4 Das Sparren-/Pfettendach

Heutzutage ist das Sparren- oder Pfettendach weit verbreitet. Die Lastabtragung der Sparren in die darunterliegenden Bauteile erfolgt über die Fuß- und die Firstpfette sowie je nach Dachlänge zusätzlich über eine oder auch mehrere Mittelpfetten. Die Mittelpfetten nehmen dabei zum Teil beachtliche Dimensionen an, die nur noch als Leimholzbalken erzielbar ist. Bei Pfettendächern ist eine weitgehende Vorfertigung der Sparrenlage möglich, sodass die ganze Dachfläche mit wenigen Kranhüben aufs Haus gesetzt werden kann.

## 10.8.5 Das Massivholzdach

Das Massivholzdach stellt eine Sonderform der Dachausführung dar. Es wird aus plattenartigen Holzbauteilen erstellt, deren Dicke von der größten zu überbrückenden Spannweite abhängig ist. Es besteht entweder aus massivem Holz, das in Brettstapelbauweise oder in Kreuzlagen zusammengefügt wird, oder aus miteinander verklebten und verschraubten Holzwerkstoffplatten. Die Dachuntersicht kann, wenn gewünscht, in einer hochwertigen Sichtqualität erstellt werden.

### 10.8.6  Das Massivdach

Das Massivdach ist eine Konstruktionsvariante, die nicht vom Zimmermann, sondern vom Rohbauer erstellt wird. Die Ausführung kann je nach Bauweise als Stahlbetondach, Porenbetondach oder Ziegeldach erfolgen.

### 10.8.7  Warmdach und Kaltdach

Das Warmdach schließt die bewohnten und beheizten Räume im Dachgeschoss gegen den in der Übergangszeit und im Winter kalten Außenbereich ab. An diesen Teil der Dachkonstruktion sind hohe Anforderungen bezüglich des Wärmeschutzes und der Luftdichtheit zu stellen. Aus architektonischen Gründen werden häufig bis zum First hin offene Dachräume geplant, d. h. dass das komplette Dach als Warmdach umgesetzt wird. Konstruktiv ist das keine besondere Herausforderung, thermisch ist es schwieriger: Warme Luft steigt nach oben, wodurch die wärmsten Bereiche eines solchen Dachraums deutlich über den Köpfen der Bewohner liegen. Das erhöht den Heizwärmebedarf.

Das Kaltdach umschließt den Dachraum bzw. die Dachräume, die nicht beheizbar sind. Dieser Dachraum sollte gut belüftet sein, um den ausreichend schnellen Abtransport der durch die Nutzung eingetragenen Feuchte sicherzustellen. Der Dachspitz (Dachraum oberhalb der Kehlbalkenlage) ist üblicherweise als Kaltdach vorgesehen. Die Dauerhaftigkeit der Konstruktion und die langfristige Schadenfreiheit hängen maßgeblich von der funktionierenden Be- und Entlüftung dieses Dachraums ab.

Die Lüftung wird erreicht, indem die Lüftungsöffnungen der Unterspannbahn schlagregendicht ausgebildet und die Firstkonstruktion diesen Lüftungserfordernissen gerecht angelegt werden. Bei Häusern mit Satteldach können zur Unterstützung auch schlagregensichere Lüftungsöffnungen in den Giebelwänden eingebaut werden.

Ist dieser Dachraum nicht oder nicht ausreichend belüftet, kommt es zu einer Feuchtekonzentration in der Raumluft und wenn Luft- und Holzfeuchte hoch genug sind, beginnt das Schimmelpilzwachstum und nur wenig später die Ansiedlung holzzerstörender Pilze.

Das Dämmen des Kaltraums ist sinnlos, da eine Dämmung zwischen der kalten Außen- und der kalten Innenluft keinerlei Energie einspart, dafür aber

Geld kostet. Vielmehr wird damit zwangsläufig die Durchlüftung dieses Dachraums weitgehend reduziert. Werden auf den Sparren Holzwerkstoffplatten verlegt, muss darauf geachtet werden, dass im Bereich des Dachspitzes eine ausreichende Anzahl Lüftungsöffnungen vorgesehen wird, da sonst keine Durchlüftung möglich ist. Schimmelpilze lieben Holzwerkstoffplatten.

> Unbeheizbare Räume gegen kalte Außenluft zu dämmen ist sinnlos. Die Dämmung kostet lediglich Geld und bringt außer Feuchtigkeitsproblemen **nichts**! Das Prinzip des belüfteten Kaltdachs funktioniert seit Jahrhunderten schadenfrei.

## 10.8.8   Die Dachdämmung

### Dämmstoffe

Als typischen Dachdämmstoff finden wir heutzutage Mineralwolle, die als Bahnenware in standardisierten Stärken angeboten wird. Alternativen finden sich im Bereich der nachwachsenden Rohstoffe als Plattenware oder zum Einblasen. Hinzu kommen Dämmplatten auf petrochemischer Basis, z. B. Polystyrol- oder PUR-Dämmplatten. Aktuell experimentieren zahlreiche Hersteller mit anderen nachwachsenden Rohstoffen. Die preiswerteste Variante ist heutzutage das Dämmen mit Mineralwolle.

Polystyrol, PUR oder Mineralwolle haben dabei sehr gute Wärmedurchlasswiderstände, sie lassen Wärme nur in definiertem und geringem Umfang durch. Die Wärmedurchlasswiderstände sind in der Regel besser, als dies bei Dämmstoffen aus nachwachsenden Rohstoffen der Fall ist. Ein möglicher Nachteil ist, dass die künstlichen Dämmstoffe eine geringere Phasenverschiebung haben, was bedeutet, dass die Sonneneinstrahlung raumseitig schneller spürbar ist als bei Dämmungen aus nachwachsenden Rohstoffen.

Unabhängig vom verwendeten Dämmstoff ist es wichtig, dass die Dämmung im Bereich der Gebäudehülle, die die beheizten Räume umgibt, dicht gestoßen und lückenlos verlegt bzw. eingebaut wird. Die heute üblichen vergleichsweise hochwärmegedämmten Gebäude verzeihen keine Lücke in der wärmegedämmten Außenhülle.

**144**

Die Dämmstoffe werden entweder in den Sparrengefachen, d.h. in den Hohlräumen zwischen den einzelnen Sparren, oder auf der tragenden Dachkonstruktion verlegt.

## Die Zwischensparrendämmung

Bei den meisten Dachkonstruktionen liegt die Dämmung (außer bei einem sichtbar bleibenden Dachstuhl) in den Sparren- und Kehlbalkengefachen, d.h. zwischen den Sparren und zwischen den Kehlbalken. Die Sparrenhöhe wird heutzutage nur noch selten von statischen Erfordernissen bestimmt, sondern zumeist von den Anforderungen an die Dicke der einzubauenden Wärmedämmung. Wo früher ein 12 oder 16 cm hoher Sparren zur Lastabtragung ausreichte, werden zwischenzeitlich Sparrenquerschnitte mit einer Höhe zwischen 20 und 30 cm verbaut, um möglichst dicke Dämmstofflagen einbauen zu können. Die Dämmdicke geht über den vollen Sparrenquerschnitt. Sie wird nach oben durch das über den Sparren angeordnete Unterdach und nach unten durch die unter den Sparren angeordnete Luftdichtheitsebene, die sogenannte Dampfsperre oder Dampfbremse begrenzt. Hinterlüftete Dämmungen, wie sie noch in den 1990er-Jahren üblich waren, werden nicht mehr ausgeführt.

Als Dämmstoff kommen alle wärmedämmenden Materialien infrage, die sich gut zwischen die Balken einer Balkenlage einpassen lassen.

Beim Fachwerkbinder liegt die Dämmung in der Deckenebene, die von den Binderuntergurten gebildet wird. Der Dachraum über den Binderuntergurten ist als Kaltdach vorgesehen, dementsprechend sollte er gut belüftet sein.

## Die Aufdachdämmung

Aufdachdämmungen werden ausgeführt, wenn die Holzkonstruktion des Dachstuhls sichtbar bleiben soll. Die konstruktiven Herausforderungen bestehen in der Anbindung der Luftdichtheitsebene an die Außenwände und dem Ableiten des sich einstellenden Schubs in der Ebene der Dachlattung. Die Angaben der Dämmstoffhersteller sind zu beachten.

Als Dämmstoffe kommen alle plattenförmigen Dämmstoffe und auch Faserdämmstoffe infrage; bei entsprechender Unterkonstruktion können Dämmstoffe im Einblasverfahren eingebracht werden. Die Herausforderung stellt dabei die Anbindung der Luftdichtheitsschicht (die auf der Dachschalung verlegt wurde) an die Luftdichtheitsebene der Außenwände (den Innenputz) dar.

## Die Aufsparrendämmung

Aufsparrendämmungen werden teilweise in Form von dünnen Lagen aus Holzweichfaserdämmplatten, auch in Kombination mit Zwischensparrendämmungen verbaut, um die Wärmebrückenwirkung der Sparren abzuschwächen. Hierbei ist darauf zu achten, dass die Belüftung der Kaltdachräume trotz Aufsparrendämmplatte sichergestellt ist. Kostengünstiger ist es, die Aufsparrendämmung über dem Dachspitz wegzulassen und eine Unterspannbahn einzubauen. Dieses Weglassen spart Geld, auch wenn die Konterlattung zum Höhenausgleich aufgedoppelt werden muss, und verhindert feuchtebedingte Probleme.

## Die Untersparrendämmung

Eine Untersparrendämmung wird nur ergänzend ausgeführt, um die bei hoch wärmegedämmten Dächern auftretende Wärmebrückenwirkung der Sparren abzuschwächen. Hierbei wird eine dünne Dämmstofflage zumeist unterhalb der Dampfsperrebene und innerhalb der Unterkonstruktion der raumseitigen Bekleidung eingebaut.

## 10.8.9   Die Luftdichtheitsebene der Dachkonstruktion

Die Luftdichtheitsebene wird aus Folien, Gewebespinnvliesen, Pappen oder plattenartigen Holzbauteilen erstellt. Sie soll verhindern, dass warme, feuchte Luft die im Dachbereich aus Wärmedämmung und Holz bestehende Dachkonstruktion oder Deckenebene von innen (warm) nach außen (kalt) durchströmt. Bei diesem Durchströmen kühlt sich die Luft ab und die relative Luftfeuchtigkeit erreicht bzw. übersteigt sehr schnell den Sättigungsgrad von 100 % rel. Luftfeuchte. Die Feuchtigkeit, die die Luft nicht transportieren kann, wird an die Dämmung und das Holz abgegeben und feuchtet beides auf. Damit sinkt die Dämmwirkung und das Holz wird so sehr durchfeuchtet, dass Schimmelpilzsporen ein ideales Umfeld zur Anlandung und zum Aus-

**146**

keimen finden. Infolge der Verschlechterung der Dämmwirkung kann es im schlimmsten Fall zu einer weitgehenden Abkühlung der Oberflächentemperaturen auf der Raumseite kommen, die mit der einhergehenden punktuellen Auffeuchtung ebenfalls in den Schimmelpilzbefall mündet.

Daher ist es zwingend notwendig, dass die Dampfsperre bzw. Dampfbremse vollkommen luftdicht an die angrenzenden Bauteile – die das zu Wohnzwecken genutzte Dachgeschoss unterteilenden gemauerten Wände und die Umfassungswände – angeschlossen wird. Dies gilt auch für die Anschlüsse an Leitungen, Kamine, Rohre und sonstige Bauteile, die die Luftdichtheitsebene durchdringen. Selbstverständlich sind auch die Folienstöße untereinander luftdicht miteinander zu verkleben (weitere Ausführungen siehe KAPITEL 14.7 LUFTDICHT BAUEN).

> Der luftdichte Abschluss zwischen beheizten Wohnräumen und der Dachkonstruktion ist für die Schadenfreiheit und Dauerhaftigkeit Ihres Hauses von entscheidender Bedeutung. Dementsprechend sind die Arbeiten zu kontrollieren.
>
> Es wird empfohlen, eine qualitative Überprüfung der Arbeiten noch vor Anbringen der raumseitigen Beplankung durchführen zu lassen.

### Feuchteadaptive oder feuchtevariable Dampfbremsen

Ursprünglich wurden vor allem Kunststofffolien oder aluminiumkaschierte Kunststofffolien als Dampfsperre verwendet. Diese Bahnen sind sehr dicht und lassen so gut wie keine Austrocknung nach innen zu.

Die Austrocknung von Baustoffen erfolgt durch oberflächennahe Verdunstung und Wasserdampfdiffusion (Transport von Wassermolekülen) durch die Baustoffaufbauten hindurch. Die Austrocknung erfolgt dabei dem Temperaturgefälle, d.h. es trocknet zur kalten Seite hin ab. Im Sommer stellen sich auf und demzufolge auch unter der Dachdeckung auf den sonnenbeschienenen Dachseiten sehr hohe Temperaturen ein. Bei dunkler Dachdeckung sind Temperaturen um 100 °C durchaus erreichbar. In dieser sommerlichen Regelsituation setzt ein Wasserdampftransport infolge der

• • • • • • • • • • • • • • • • • • • • • • • • • • • • • • • • • • • • • • • • • • • • • • • • • Die Dachkonstruktion • • • • • • • • • • •

**147**

Austrocknung des Bauholzes von außen nach innen ein. Dieser kommt an der sehr dichten Dampfsperre zum Erliegen. Dort kann die Feuchtigkeit nicht mehr weiter nach innen transportiert werden. Demzufolge feuchtet die Dachdämmung in den Sommermonaten auf, was zu Schimmelpilzwachstum im Dachaufbau führen kann. Mehrere Hersteller haben feuchtevariable bzw. feuchteadaptive Dampfbremsen entwickelt, sodass eine Austrocknung nach innen hin möglich ist. Diese Folien sind so konzipiert, dass sie bei einer an der Folie anstehenden Luftfeuchte von ca. 70 % ihren Wasserdampfdiffusionswiderstand verringern und Luftfeuchtigkeit in verstärktem Maße hindurchlassen. Dies wirkt sich im Sommer positiv auf die Austrocknung der Dachkonstruktion aus. In den Wintermonaten verhält sich die Folie genau gleich; sie verringert bei einer dann aber auf der Raumseite anstehenden hohen Luftfeuchtigkeit ihren Diffusionswiderstand und lässt die Feuchte in den Dachaufbau eindringen. Das Aufheizen der Fußbodenheizung führt zu diesem Szenario. Hierdurch entsteht eine massive Auffeuchtung im Dachaufbau mit erhöhtem Risiko für Schimmelpilzwachstum. Laut Verarbeitungsrichtlinien der Hersteller dieser feuchteadaptiven Dampfbremsen sind im Winter Zusatzmaßnahmen zu treffen, die die Feuchtebelastung der Raumluft reduzieren.

 Bei feuchteadaptiven/feuchtevariablen Dampfbremsen ist bei Bauzeiten, deren Endphase im Winterhalbjahr liegt, Vorsicht geboten. Um die Auffeuchtung des Dachaufbaus und das damit einhergehende verstärkte Schimmelpilzwachstum zu vermeiden, sind entweder Zusatzmaßnahmen zur Raumluftentfeuchtung zu treffen oder es sollte ein Einbau nicht feuchteadaptiver/-variabler Dampfbremsen erfolgen.

## 10.8.10  Die Dacheindeckung

Die Dacheindeckung erfolgt heute im Regelfall mit Dachplatten aus Beton oder mit aus Ton gebrannten Dachziegeln. Die überfalzten und damit weitgehend schlagregensicheren Ziegel oder Dachplatten werden auf hinterlüfteten Dachlatten verlegt und durch Verklammerungen oder mechanische Befestigungen gegen Windsog gesichert. Die Windsogsicherung ist nach zahlreichen Sturmschäden über die Vorgaben der Gebäudeversicherungen in den

Fachregeln des deutschen Dachdeckerhandwerks verankert. Im historischen Umfeld der Innenstädte kommen zur Wahrung des Ensemblecharakters kleinformatige Biberschwanzdeckungen zum Einsatz.

Als Alternative zur Betondachstein oder Ziegeleindeckung kommen Metalleindeckungen auf hinterlüfteten Spar- oder Vollschalungen als Bahnenware oder als kleinere Einzeltafeldeckung zur Anwendung.

Um feuchtebedingte Schäden an der tragenden Dachkonstruktion zu vermeiden, sind die in den Fachregeln angegebenen Mindesthinterlüftungsquerschnitte der Dacheindeckungen unbedingt zu beachten. Damit diese Hinterlüftung funktioniert, müssen die Dacheindeckungen von ihren Tiefpunkten unten an den Traufen bis zu ihren Hochpunkten am First von Luft hinterströmt werden. Dies geschieht durch natürliche Thermik oder durch den von Windsog hervorgerufenen Kamineffekt. Nur so können die aus dem Dachaufbau oder aus Regenereignissen stammenden Feuchteeinträge schadenfrei abgelüftet werden. Der regelgerechten Ausbildung von Zuluft- und Abluftöffnungen, dem richtigen Konterlattenquerschnitt und der Diffusionsoffenheit der Unterdeckung kommt dabei maßgebliche Bedeutung zu.

Die Unterspannung der Dacheindeckung mit wasserundurchlässigen, hoch diffusionsoffenen und hoch temperaturbeständigen Gewebebahnen ist heute allgemein anerkannte Regel der Technik. Die Unterspannbahn sollte 5- bis 10-mal dampfdiffusionsdurchlässiger sein, als die auf der Raumseite unterhalb der Dachdämmung angeordnete Dampfbremse oder Dampfsperre. Bei Unterschreitung der für jede plattenartige Dachdeckung angegebenen Mindestdachneigung sind zusätzliche Maßnahmen erforderlich, um die durch Schlagregeneinwirkung unter die Dacheindeckung getriebenen Regenwassermengen schadenfrei abführen zu können. Je nach Größenordnung der Unterschreitung der Mindestdachneigung ist entweder ein regensicheres oder wasserdichtes Unterdach erforderlich. Dies führt zu zusätzlichen Aufwendungen und zu Mehrkosten.

## 10.8.11  Dachflächenfenster

Wohnräume in Dachgeschossen können teilweise nur über Fensterflächen, die in der Dachfläche angeordnet sind, auf natürliche Art und Weise belichtet werden. Die Dachflächenfensterhersteller haben sich an die aktuellen energetischen Anforderungen angepasst. Ungeachtet dessen stellen die Glasflächen der Dachflächenfenster die kühlste raumseitige Oberfläche in der Dachschräge dar. Bei hoher Luftfeuchtigkeit kommt es an diesen Glasflächen zum Tauwasserausfall. Dies ist der Physik geschuldet und schlichtweg nicht zu vermeiden. Wenn die Aufstellfläche des Betts unter der Dachschräge vorgesehen werden soll oder aus Platzgründen nur dort möglich ist, sollte dies besser nicht unterhalb eines Dachflächenfensters geschehen. Ansonsten wird man in den frühen Morgenstunden durch ins Bett hinein abtropfendes Kondenswasser geweckt.

Für die Dachflächenfenster an nach Süden oder Westen hin abfallenden Dachflächen sollten unbedingt außen liegende Verschattungseinrichtungen vorgesehen werden. Ansonsten heizen sich die dahinter liegenden Wohnräume im Sommer extrem auf und sind dann kaum noch bewohnbar.

## 10.8.12  Die Dachentwässerung

Die aus Verblechungen, Dachrinnen und Regenfallrohren bestehende Dachentwässerung hat die zentrale Aufgabe, Regenwasser zur Regenwassergrundleitung sicher und schadenfrei hinzuführen. Als Material für Rinnen und Fallrohre kommen verschiedene Metalle oder auch Kunststoff infrage. Wichtig bei der Dachentwässerung aus Metall ist die Einhaltung der Spannungsreihe, da es ansonsten zu Korossionsprozessen kommt.

Verblechungen an Dachgauben oder in Kehlen sind weit genug unter die Dacheindeckung zu führen und aufzukanten.

**150**

## 10.8.13 Flachdach und Flachdachabdichtung

Flachdach und Flachdachabdichtung sind en vogue – die Retrospektive zum Bauhausstil macht es möglich. Grundsätzlich sind moderne Flachdachsysteme dicht und dauerhaft, sofern sie richtig geplant und mit der notwendigen Sorgfalt und Sachkenntnis ausgeführt sind. Wenn nicht, gibt es Probleme. Die Vielzahl der Anschlussdetails und die Übergänge zu unterschiedlichen Materialoberflächen auf engstem Raum machen Flachdachabdichtungen zu extrem komplexen Aufgaben. Hinzu kommen ständige material- und baustofftechnische Neuerungen.

Es bedarf einer sehr detaillierten fachkundigen Planung in einer Detailtiefe, die Architekten mit üblicher Qualifikation häufig nicht mehr leisten können. Ob einlagige Folien- oder mehrlagige Bitumenabdichtung – beide Varianten funktionieren bei fachgerechter Planung und Ausführung –, es kommt darauf an, was der ausführende Betrieb besser kann. Zudem ist es eine Frage der Kosten.

Hier bedarf es einer sehr engen Kontrolle und Bauaufsicht durch den bauleitenden Architekten oder den Bauleiter, die leider häufig in dieser Phase gar nicht anwesend sind bzw. sein können. Da auch diese Aufgabe zu den besonders überwachungspflichtigen Aufgaben gehört, muss ein extern von Ihnen beauftragter Bauleiter dann aber grundsätzlich auf der Baustelle anwesend sein. Sollte er trotz der expliziten Beauftragung dazu von Ihnen nicht auf der Baustelle gewesen sein und kommt es aufgrund eines Überwachungsfehlers zu einer mangelhaften Leistung in der Ausführung, so hätten Sie neben dem ausführenden Unternehmen auch gegenüber dem Bauleiter einen Anspruch auf Schadensersatz wegen Pflichtverletzung.

## 10.9    Die Fassade

Die Fassade ist die äußere Wetterschutzhülle des Hauses. An sie werden hohe Anforderungen im Hinblick auf die Dauerstandfestigkeit gegen Witterungseinflüsse und die damit einhergehenden mechanischen Einwirkungen auf die Fassade gestellt. Sie ist in Nord- und Mitteldeutschland häufig als Klinkerfassade erstellt, in Süddeutschland häufig als Putzfassade und alternativ dazu als vorgehängte Fassade mit einer Beplankung aus Holz oder Blech oder anderen einander plattenartig überlappenden Bauteilen.

Die Belastungen durch Temperatur und Witterung, die auf eine Fassade einwirken, sind enorm. Von einer extremen Sonneneinstrahlung und Aufheizung im Sommer bis zu einer fast sibirischen Kälte in kalten klaren Winternächten – die Temperaturspanne, die die äußere Fassadenschicht schadenfrei überstehen muss, liegt bei 80 bis 100 Kelvin. Hinzu kommen Wind, Hagel, Regen, Schlagregen, chemische Belastungen aus den Luftinhaltsstoffen, mikrobiologische Belastungen (Algen- und Schimmelpilzwachstum) und die Wasserdampfdiffusion aus dem Gebäudeinneren. Je nach Fassadenausrichtung ist die Intensität der Einwirkungen unterschiedlich. Jedes Gebäude hat abhängig von der umgebenden Bebauung mindestens eine, in der Regel zwei Wetterseiten.

Die Erstellung einer Fassade, die das Gebäude viele Jahre schützt, ist möglich, wenn die allgemein anerkannten Regeln der Technik und die einschlägigen Fachregeln beachtet werden und handwerklich sorgfältig gearbeitet wird.

Die Fassade ist unabhängig von der Art der Ausbildung ein stark beanspruchtes Bauteil. Sie ist eine sogenannte Opferschicht, die sich infolge der Witterungseinwirkungen, die auf sie einwirken, verbraucht. Sie wird quasi für das Gebäude, das sie schützen soll, geopfert. Dem ist durch regelmäßige Instandhaltung und Wartung der Fassade Rechnung zu tragen.

**152**

Bei vorgehängten Fassaden ist auf ausreichend bemessene Hinterlüftungs-querschnitte zu achten, sodass die Feuchte aus Diffusion oder aus Schlag-regeneinträgen schnell wieder abgeführt werden kann. Bei Holzfassaden ist neben den Hinterlüftungsquerschnitten ein ausreichend hoch bemessener Spritzsockel von besonderer Bedeutung. Die Holzfassade ist ebenso eine Opferschicht. Sie wird im Laufe der Zeit durch die Witterungseinflüsse zer-stört und muss regelmäßig erneuert werden.

## Der Sockel

Der Sockelbereich ist der am stärksten wasserbelastete Bereich der Fas-sade. Neben Regenbelastungen kommen Spritzwasser und mechanische Beanspruchungen durch vorbeigehende Passanten, Hunde, die das Bein heben, und Tausalzeinsatz hinzu. Als hoch beanspruchter Fassadenbereich bedarf der Sockel einer sorgfältigen Ausführung sowie einer intensiveren Beobachtung und Wartung während der Gebäudenutzung. Der Sockel ist im Regelfall häufiger instand zu setzen als höher liegende Fassadenbereiche. Bei geputzten Sockeln ist der ergänzend aufzubringende Hinterfeuchtungs-schutz des Sockelputzes von besonderer Bedeutung für die Dauerhaftigkeit des Sockelbereichs. Klären Sie in der Vertragsverhandlung die Art und Weise der Detailausführung.

# 11 Der Innenausbau

## 11.1    Der Innenputz

Gemauerte Außen- und Innenwände werden auf den Raumseiten im Regel-fall verputzt. Auf den gemauerten Außenwänden stellt der Innenwandputz die Luftdichtheitsebene dar. Die Wände sind, da moderne Mauerwerke mit unvermörtelten Stoßfugen ausgeführt werden, nur dann luftdicht, wenn sie vollflächig verputzt sind. Das heißt, dass der Innenputz von Oberkante Roh-decke, auf der man steht, bis Unterkante der darüber liegenden Decke voll-flächig angetragen sein muss. Die übliche Putzstärke beträgt 10 bis 12 mm, die Mindeststärke (nur punktuell) nach Putznorm DIN 18550 mindestens 8 mm.

Als Oberflächenqualität wird üblicherweise eine Q2-Oberfläche geschuldet. Diese Oberflächenbeschaffenheit reicht üblicherweise für eine tapezierfertige Wandoberfläche, sofern eine Raufasertapete mit Mittelkorn tapeziert wird. Für sehr glatte Tapeten oder nur gestrichene Oberflächen wäre eine Qualitäts-stufe Q3 oder sogar Q4 zu empfehlen. Diese sehr hochwertigen und ebenen Oberflächen kosten aber erheblich mehr.

Putze sind hydraulisch abbindende Mörtel. Sie geben beim Abbindevorgang (Erhärtungsvorgang nach Putzantrag) Wasser ab und verlieren dabei an Volu-men (Trocknungsschwinden). Dies macht sich durch Rissbildungen an der Oberfläche bemerkbar. Eine endfertige Putzoberfläche braucht mindestens zwei Arbeitsgänge, wobei der zweite Arbeitsgang erst nach dem Abbinden, d. h. einige Wochen nach dem ersten Putzantrag erfolgen sollte. Das Verputzen der Wände sollte nur auf trockenem Mauerwerk erfolgen. Wird auf nassem oder feuchtem Mauerwerk verputzt, trocknet das darunterliegende Mauer-werk nur sehr langsam ab, außerdem trocknet der Innenputz deutlich lang-samer, weil er seine Feuchtigkeit nicht an das darunterliegende Mauerwerk abgeben kann. Es kommt dabei zu erheblich mehr und zu größeren Rissen im Putz. Es kann auch erst nach mehreren Jahren, wenn das Mauerwerk dann ganz durchgetrocknet und geschwunden ist, zu neuen Rissen kommen.

**156**

Als Putzmaterialien kommen Gipsputz, Gipskalkputz, Kalkgipsputz, Kalkputze, Lehmputz, Kalkzementputz oder Zementputz zur Anwendung. Putze aus Kalkzement oder Zementputze kommen dabei in erster Linie in den Nassräumen und in den Kellerräumen zum Einsatz, da sie sich gegenüber kurzfristiger Feuchteeinwirkung deutlich unempfindlicher zeigen als gipshaltige Putze.

Die regelmäßig spritzwasserbelasteten Wandoberflächen in der Dusche oder oberhalb der Badewanne müssen ungeachtet dessen abgedichtet werden (mehr dazu in Kapitel 11.2.2 Fliesenbeläge in Nassräumen).

An Materialwechseln, z.B. beim Einputzen des Rollladenkastens, müssen alkalibeständige Armierungsgewebe eingelegt werden. Diese sollten im oberflächennahen Bereich eingebettet sein, nicht direkt auf der Wand. Zielsetzung dieser Maßnahme ist es, die Ausbildung von Trennrissen zwischen den unterschiedlich trocknenden Materialien zu vermeiden.

Die Kontrolle der Putzstärke kann stichprobenartig in den Türdurchgängen oder durch Vergleich zwischen den Maßen vor und nach Innenputzauftrag erfolgen.

Das frühzeitige Erstellen endfertiger und streichfähiger Oberflächen wird durch den weiteren Ausbau häufig zunichtegemacht, da sich punktuelle Beschädigungen bei der Verlegung der Haustechnik, dem Estricheinbau und der Fußbodenverlegung nie ganz vermeiden lassen. Wenn Sie auf eine hochwertige Wandoberfläche Wert legen, sollten Sie mit dem Auftragen der letzten Oberflächenschicht vor dem Farbanstrich warten, bis der Fußboden verlegt ist. Dieser muss dann zum Schutz vor Verunreinigungen und Schäden abgedeckt werden.

Der Innenputz bildet auf den gemauerten Außenwänden die Luftdichtheitsebene. Er ist vollflächig auszuführen.

Hochwertige Putzoberflächen erfordern zusätzlichen Aufwand und sind erheblich teurer als Tapeten.

## 11.2    Der Fußbodenaufbau

Ein Großteil der modernen Haustechnikinstallation wird auf der Rohdecke verlegt. Deshalb besteht ein moderner Fußbodenaufbau aus einer Lage Ausgleichsdämmung zumeist aus EPS-Dämmplatten (Polystyroldämmplatte), einer Lage Trittschalldämmung aus trittschalldämmendem EPS oder aus Mineralwolletrittschalldämmplatten und der aus einem Anhydrit oder Zement-/Sandgemisch bestehenden, den Fußbodenbelag tragenden Estrichschicht. Dabei muss die Ausgleichsdämmung so hoch sein, dass darin alle auf der Decke verlegten Leerrohre und Rohrleitungen verlegt werden können. Die Trittschalldämmung sollte ohne Unterbrechung darüber hinweglaufen.

Werden im Fußbodenaufbau Komponenten der Lüftungsanlage verlegt, kann dieses Unterfangen schwierig werden. Wenn sich auf der Betondecke verlegte Leitungen kreuzen, ist die untere Leitung im Kreuzungsbereich in die Decke einzuspitzen.

**Bild 10**  In die Betondecke eingespitzte Leitungen im Kreuzungsbereich

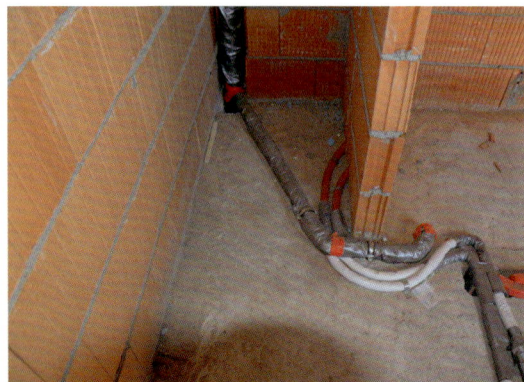

**Bild 11** Oben und unten: Sich kreuzende, nicht in die Decke eingespitzte Leitungen

Der Fußbodenaufbau ist bis über den späteren Belag durch sogenannte Estrichrandstreifen von den Wänden entkoppelt. Diese sind entlang aller Wände und um alle die Estrichschicht durchdringenden Einbauten anzuordnen. Um Trittschallprobleme zu vermeiden, wird empfohlen die Estrichrandstreifen erst nach der Verlegung des Fußbodenbelags abzuschneiden.

Bei Doppel- oder Reihenhäusern und im Geschosswohnungsbau ist der Trittschallschutz der Bodenaufbauten von immenser Bedeutung für ein harmonisches nachbarschaftliches Verhältnis. Hier bedarf es einer entsprechenden Sorgfalt beim Estricheinbau und einer umfassenden Kontrolle durch die verantwortliche Bauleitung.

Bei Bodenaufbauten mit Fußbodenheizung ist darauf zu achten, dass die Heizungsleitung satt eingebettet wird und eine ausreichende Überdeckung der Heizungsrohre erfolgt.

Als denkbare Alternative zu hydraulisch abbindenden Estrichen kommt Gussasphalt in Betracht. Der Asphalt wird erhitzt, in zähflüssigem Zustand eingebracht und erstarrt beim Erkalten. Er ist deutlich teurer als normale Estrichaufbauten, dafür wird aber auch keine zusätzliche Baufeuchte ins Haus eingetragen. Er ist nach dem Abkühlen sofort belegbar.

Eine weitere Möglichkeit sind Trockenaufbauten mit mehrlagig verlegten Gipsfaserplatten auf konventionellem Unterbau oder Bodendielen auf Lagerhölzern mit dazwischenliegender Hohlraumdämmung.

Bei unterseitig erdberührten Bodenplatten muss zwingend eine Abdichtungslage unmittelbar auf der Betonplatte verlegt werden, um in den Bodenaufbau nachdrückende Feuchte aus der Betonbodenplatte oder dem Erdreich zu vermeiden.

Hydraulisch abbindende Estriche müssen ausreichend lange ab- und austrocknen und, wenn sie eine Fußbodenheizung enthalten, spannungsfrei geheizt werden (Aufheizphase).

Sollen großflächige Bodenbeläge, z.B. Bodenfliesen mit Kantenlängen von mehr als 40 m verlegt werden, ist es sinnvoll, erhöhte Anforderungen für die Ebenheitstoleranz der Estrichoberfläche zu vereinbaren, da ansonsten der Fliesenleger einen erheblichen Mehraufwand für das flächige Ausgleichen der Estrichunebenheiten hat.

## 11.2.1 Bodenbeläge

Als Bodenbeläge in Wohn- und Schlafräumen sowie auf den Verkehrsflächen im Wohnbereich kommen alle möglichen denkbaren Varianten in vielen verschiedenen Größen und Ausführungen infrage: keramische Fliesenbeläge, Natursteinfliesen, Natursteinplattenbeläge, Betonwerkstein, Holzwerkstoffbeläge, Parkett als Fertigparkett oder als Rohbelag mit traditioneller Überarbeitung am Einbauort in unterschiedlichen Holz- und Oberflächenvarianten, Teppichboden, Böden aus Naturfasern, Kunststoffböden u.v.a.m.

**160**

Harte Beläge wie Fliesen, Natur- und Betonwerkstein, Laminat und Parkett verhalten sich im Hinblick auf das Abdämpfen von Geräuschen aus dem Begehen ungünstiger als Teppichböden oder Naturfaserböden.

Holzbodenbeläge und Beläge, die Holzbestandteile enthalten, wie z.B. Laminat, sind vor dem Verlegen mehrere Tage offen, d.h. mit abgenommener Umverpackung am Einbauort auf der Baustelle zu lagern. Damit soll erreicht werden, dass die normalerweise sehr trocken angelieferten Hölzer sich an das noch eher feuchte Baustellenmilieu anpassen und sich in ihrer Materialfeuchte angleichen. Erfolgt dies nicht, kommt es nach dem Verlegen zu Quellvorgängen und damit zur Volumenzunahme des Bodenbelags, was zu Aufwölbungen in der verlegten Fläche führt. Bodenbeläge dürfen erst verlegt werden, wenn der Estrich ausreichend ab- und ausgetrocknet ist. Dies ist von den jeweiligen Verlegern zu überprüfen. Das einzig zulässige Verfahren ist dabei die CM-Messung, bei der an der vorher ermittelten feuchtesten Stelle eine Materialprobe aus dem Estrich genommen und der prozentuale Feuchtegehalt ermittelt wird. Die Feuchtemessung ist zu dokumentieren. Eine qualitative Feuchtemessung mittels elektronischer Feuchtemessgeräte ist derzeit zur Ermittlung der Restfeuchte im Estrich nicht zugelassen.

Beim Verkleben und ggf. beim Verfugen von Bodenbelägen muss darauf geachtet werden, dass kein Kleber in die Trennfuge zu den aufgehenden Wänden oder zu Durchdringungen eingebracht wird. Falls doch, entstehen punktuelle Schallbrücken und die Gehgeräusche sind im ganzen Haus, bei Doppel- und Reihenhäusern auch in den Nachbarhäusern zu hören. Sie erinnern sich: Der Estrichdämmstreifen soll erst nach der Verlegung und der Verfugung des Bodenbelags abgeschnitten werden.

## 11.2.2 Fliesenbeläge in Nassräumen

In Bädern, Duschbädern und WCs kommen üblicherweise Fliesen als Wand- und Bodenbelag zum Einsatz. Die Wandfliesen in Duschen sowie die Bodenfliesen in und um die Dusche herum bei bodengleichen Duschen und flachen Duschtassen sind wasserbelastet. Um Feuchteschäden durch Spritz- oder Schwallwasser zu vermeiden, sind wasserbelastete Fliesenflächen sowie Fugen zu an sie angrenzenden Flächen abzudichten. Es gibt bewährte Systeme auf dem Markt. Verbundabdichtungen z.B. sind Abdichtungsmassen, die vom Hersteller des Fliesenklebers hergestellt oder als Produktlinie vertrieben werden. Diese Produkte sind im Hinblick auf Materialunverträglichkeiten zwischen Abdichtungsmasse und Kleber überprüft und vom Kleberhersteller freigegeben worden. Bei Abdichtungsmaterialien, die nicht zur Produktlinie gehören, muss das nicht zwangsläufig so sein; es kann daher zu Materialunverträglichkeiten kommen.

Um Badezimmer und Duschbäder abzudichten, erhalten sie Flächenabdichtungen an den spritzwasserbelasteten Wänden und auf der Bodenfläche des gesamten Bades, außerdem eine Sockelausbildung mit einer Höhe von 5 bis 15 cm an den nicht mit Spritzwasser belasteten Wänden und an den Dichtbändern im Übergang zwischen Estrich und Wand und in den Wandecken bei spritzwasserbelasteten Wänden. Spachtelbare Abdichtungsmassen sind mehrlagig aufzutragen, um eventuell auftretende Fehlstellen im Zuge eines zweiten und ggf. dritten Antragens überarbeiten zu können. Bei diesen Abdichtungsmassen ist die sogenannte Trockenschichtdicke (Schichtdicke nach Abtrocknung der Abdichtungsmasse) von maßgeblicher Bedeutung. Die Angaben zu den erforderlichen Mindestdicken finden sich auf den Gebindeverpackungen; sie variieren je nach Produkt.

Die Dichtbänder sind umlaufend zu verlegen und an den Stößen dicht miteinander zu verkleben.

Es lohnt sich, hier genau hinzuschauen, denn ein Feuchteschaden ist ein lästiges und ggf. teures Übel, das durchaus vermeidbar ist. Eine umfassende, detaillierte Fotodokumentation kann dabei helfen die Ursache eines aufgetretenen Schadens einzugrenzen.

Aus gewährleistungstechnischen Gründen sollten die Fliesenarbeiten im Nassbereich nicht in Eigenleistung erbracht werden. Die Folgen einer mangelhaften Eigenleistung können umfänglich und teuer werden, da Sie für das, was Sie selbst erstellen, auch selbst verantwortlich sind. Dafür haften nur Sie.

**162**

## 11.3 Innentüren

Innentüren sollen Durchgänge von einem Raum zum anderen verschließen, um die Intimsphäre zu bewahren. Die geschlossene Tür fungiert als optische, akustische und energetische Barriere.

Gerade die Bedeutung der akustischen Barriere wird häufig unterschätzt. Es sind Türblätter im Handel, die eine Mittellage aus Pappe haben. Diese sind zwar undurchsichtig, bieten aber kaum Schallschutz. Wenn Jugendliche laut Musik hören wollen, Kinder trotz eines Familientreffens im Wohnzimmer schlafen sollen oder Sie sich allein oder zu zweit eine ungestörte Auszeit nehmen wollen, sind schalltechnisch höherwertige Türen die bessere Wahl.

Als energetische Abtrennungen bewirken geschlossene Türen, dass die Wärme maßgeblich in dem Raum bleibt, in den sie über die Wärmeverteilorgane der Heizungsanlage, sprich die Heizkörper oder die raumweise gesteuerte Fußbodenheizung, geliefert und abgegeben wird. Ein Wärmeabfluss in weniger stark beheizte Räume findet zwar über den Türspalt unter dem Türblatt auch bei geschlossener Türe statt; dieser ist aber wesentlich geringer, als wenn die Tür permanent ganz offen steht.

 Türen zu schließen und geschlossen zu lassen, ist ein maßgeblicher Schritt zum energiesparenden und damit kostensparenden Wohnen.

Zugangstüren zu Räumen, in denen sich nutzungsbedingt hohe Luftfeuchten entwickeln (Bad, Schlafzimmer, Küche, Waschküche, Trockenraum), sollten geschlossen bleiben. So bleibt die dort entstehende Feuchtigkeit im Raum und verteilt sich nicht im ganzen Haus. Aus dem Raum ist sie durch richtiges Lüften abzuführen (siehe dazu in KAPITEL 17.1 WOHNEN).

# 12 Haustechnik

## 12.1    Die Heizungsanlage

Die Heizungsanlage versorgt Ihr Haus mit Heizwärme und im Regelfall mit Warmwasser. Sie besteht aus Anlagenteilen zur Wärmeerzeugung, zur Wärmeverteilung und zur Wärmeübertragung.

Der Wärmeerzeuger stellt die benötigte Wärme bereit. Die Wärmeverteilung transportiert das Übertragungsmedium, zumeist Wasser, zur Wärmeübertragung, die die Wärme an den Raum abgibt.

Für die Wärmeerzeugung sind viele bewährte Systeme auf dem Markt. In den letzten Jahren kamen viele neue innovative Systeme dazu, die technisch gesehen hoch interessant sind, denen aber zumeist (noch) die praktische Bewährung fehlt. Diese sind demzufolge nicht als allgemein anerkannte Regel der Technik anzusehen. Überlegen Sie sich daher, ob Sie diese verwenden wollen. Haben Sie Verständnis, wenn Sie vom bauausführenden Unternehmen und auch von Ihrem Bauleiter darauf hingewiesen werden. Weder das bauausführende Unternehmen noch ein Bauleiter werden hierfür die Haftung übernehmen wollen und deshalb darauf hinweisen.

Die Forderung der Bundesregierung nach verstärkter Einbindung von regenerativen Energien in der Gebäudeenergetik hat die Anlagentechnik zu einem hochkomplexen Konstrukt werden lassen, das kaum noch richtig erfasst werden kann und vielfach nur noch mit moderner EDV bedienbar ist.

### Gas-Brennwerttherme

Die in der Erstinvestition noch immer preisgünstigste Anlagenvariante – vorausgesetzt es ist ein Anschluss an die öffentliche Gasversorgung möglich – ist die Brennwerttherme mit solarer Brauchwassererwärmung und in Anbetracht der Verschärfung der EnEV 2016 mit Heizungsunterstützung. Hierbei können zur Wärmeübertragung Heizkörper eingebaut werden.

**166**

Der derzeitige Preissturz bei Erdöl und demzufolge auch Erdgas macht diese Heizungsvariante auch von den Betriebskosten her attraktiv. Aber beim Betrieb wird das nach heutigen Erkenntnissen klimaschädliche und als Treibhausgas bezeichnete $CO_2$ freigesetzt. Da es sich bei Erdgas oder auch bei Flüssiggas um einen fossilen Energieträger handelt, ist die politisch motivierte Bewertung des Energieträgers, die bei der Wärmeschutzberechnung anzusetzen ist, vergleichsweise schlecht. Energetische Förderungen sind in der Regel bei Erdgas als Energieträger nicht zu erzielen.

Ist keine Anschlussmöglichkeit an eine öffentliche Gasversorgung gegeben, kann die Brennwerttherme auch mit Flüssiggas betrieben werden. Dazu muss ein Flüssiggastank, der gekauft oder gemietet werden kann, in Hausnähe aufgestellt werden. Aufgrund der Versorgung mit Tankwagen ist eine Aufstellung in Straßennähe erforderlich. Der Preis für Flüssiggas ist höher als für Erdgas; hinzu kommt die Tankmiete oder die kalkulatorische Verzinsung für den Tankkauf.

Zur Erfüllung der Anforderungen an die regenerativen Energieanteile kommt in beiden Fällen die Investition in eine solare Brauchwassererwärmung hinzu. Ohne diese ist die Anforderung der EnEV nicht erfüllbar. Da sich die Auslegung der Anlagengröße an der Wohnfläche und nicht am Warmwasserbedarf der Nutzer orientiert, ergeben sich zum Teil unsinnig überdimensionierte Anlagengrößen.

### Öl-Brennwerttherme

Im Prinzip gilt für die Öl-Brennwerttherme dasselbe wie für die Gas-Brennwerttherme. Der Unterschied liegt im Energieträger Heizöl. Im Unterschied zu Erdgas muss Heizöl auf dem Grundstück oder im Haus bevorratet werden (Öltank). Auch bei Heizöl handelt es sich um einen fossilen Energieträger, bei dessen Verbrennung das klimaschädliche $CO_2$ freigesetzt wird. Üblicherweise kann eine Ölheizung am Geruch wahrgenommen werden.

Auch bei dieser Anlage ist nach geltendem Regelwerk eine solare Brauchwassererwärmung zwingend erforderlich.

## Biomassekessel

Das sind Wärmeerzeuger, die durch Verbrennung von Biomasse, Stückholz, Holzhackschnitzel, Holzpellets oder anderen brennbaren regenerativ nachwachsenden organischen Substanzen die benötigte Wärme erzeugen. Auch hierbei wird $CO_2$ freigesetzt. Aus rein energiepolitischen Gründen sind diese nachwachsenden Energieträger besser bewertet als die fossilen Energieträger Erdöl und Erdgas. Die Energieträger müssen am oder im Haus bevorratet werden.

## Holzpelletheizung/Hackschnitzelheizung

Hier sind üblicherweise Holzpellet- und Holzhackschnitzelheizkessel im Einsatz. Beide Anlagentypen erzeugen die Wärme durch Verbrennung des nachwachsenden Rohstoffs Holz. Beide Anlagen produzieren $CO_2$ und Feinstaub. Ursprünglich entwickelt, um bei der Holzbearbeitung anfallende Späne und sonstige Holzabfälle zu verwerten, hat sich dies inzwischen gewandelt. Das Späne- und Abfallholzaufkommen kann den Rohstoffhunger der Pellethersteller bei Weitem nicht mehr bedienen. Zwischenzeitlich wird Frischholz eingeschlagen, kleingehäckselt, thermisch getrocknet und zu Pellets gepresst. In Sachen Holzhackschnitzel ist es ähnlich: Auch für die Trocknung von Holzhackschnitzeln wird Wärmeenergie eingesetzt. In beiden Fällen sind Vorratsbehältnisse bzw. Vorratsräume im oder am Haus erforderlich. Dieser Raumbedarf muss zusätzlich geschaffen werden. Die Einbringung der Pellets oder der Holzhackschnitzel in den Kessel erfolgt über mechanische oder pneumatische Fördereinrichtungen, die regelmäßig gewartet werden müssen und einem entsprechenden Verschleiß unterworfen sind.

## Holzfeststoffkessel/Stückholzkessel

Hierbei wird mit Scheitholz in unterschiedlichen Längen geheizt, gängig sind 33 cm oder 50 cm lange Holzscheite. Das Befüllen des Kessels erfolgt händisch. Die Befüllung mit dem Tagesbedarf muss eingestapelt werden. Das kann je nach persönlicher Verfassung, Alters- und Gesundheitssituation sehr mühsam sein. Eine Bevorratung des Stückholzes ist unbedingt erforderlich. Da nur mindestens zwei Jahre abgelagertes Holz zu Heizzwecken verbrannt werden darf, sind entsprechend große Holzvorräte anzulegen. Alternativ kann abgelagertes Holz eingekauft werden.

## Wärmepumpen

**168**

Wärmepumpen sind Wärmeerzeuger, die unter Einsatz elektrischer Energie Wärme aus einer Wärmequelle in der unmittelbaren Umgebung erzeugen. Als Wärmequellen kommen die Außenluft (Luft/Wasser-Wärmepumpe), oberflächennah vorhandene Grundwasserleiter (Wasser/Wasser-Wärmepumpe) oder das Erdreich in der Form von Erdkollektoren oder als eingebohrte Erdsonden in Betracht. Der Wirkungsgrad, das Verhältnis zwischen der aufgewendeten elektrischen Energie und der gewonnenen Wärmeenergie, sollte dabei besser ausfallen als 1:3. Je eingesetzter kWh an elektrischer Leistung sollten mehr als 3 kWh Wärmeenergie erzeugt werden.

Infolge der energiepolitisch motivierten Besserbewertung des elektrischen Stroms als Energieträger im Jahr 2014 sind Wärmepumpen für geförderte Bauvorhaben attraktiv, zumal sie bereits einen großen Teil des regenerativ zu erzeugenden Energiebedarfs abdecken. Der Wirkungsgrad der Wärmepumpe steigt mit der Ausgangstemperatur des Wärmemediums.

Luft/Wasser-Wärmepumpen sind bei gemäßigt niedrigen Temperaturen durchaus noch wirtschaftlich, bei längeren Kälteperioden sinkt der Wirkungsgrad erheblich und es muss über ein elektrisch beheiztes Bauteil (Heizschwert) nachgeheizt werden.

Geothermische Wärmepumpen mit Erdsondenbohrung gewinnen ihre Wärme aus dem Erdreich, in das die Erdsonden abgeteuft wurden. Es empfiehlt sich, den Stromverbrauch der elektrischen Zusatzheizung separat messbar zu machen. Nur so ist eine klare Bewertung der Anlagenauslegung und des Wirkungsgrads zu erreichen.

Wärmepumpen samt Nebenanlagen sind vergleichsweise teuer. Bei niedrigen Gas- und Ölpreisen sind sie – rein betriebswirtschaftlich betrachtet – aufgrund der hohen Erstinvestition und des vergleichsweise hohen Einkaufspreises für Strom nicht konkurrenzfähig.

## Nahwärmenetz

Beim Nahwärmenetz wird die zum Heizen und zur Warmwasserbereitung benötigte Wärme außerhalb des Hauses in Heizzentralen produziert und über zumeist im Boden verlegte, gedämmte Verteilleitungen zu den einzelnen Häusern transportiert.

Die Wirtschaftlichkeit und auch die ökologische Rechtfertigung derartiger Anlagen hängen unmittelbar an der Zahl der angeschlossenen Wohneinheiten. Lassen Sie es sich vorrechnen und prüfen Sie sehr genau, was man Ihnen an Zahlenwerk »auftischt«. Sie tragen als Kunde nicht nur die Kosten für den eigenen Energieverbrauch, sondern auch Anteile der Erstellungskosten, Anteile an den Wärmeverteilungsverlusten des Netzes, Verwaltungsgebühren, Instandhaltungs- und Reparaturumlagen und müssen sich meist noch ein Ölpreisäquivalent zurechnen lassen. Da können Heizen und Warmwasserverbrauch ganz schön teuer werden.

## Kaminofen/Kachelofen – angenehme Wärme und Notfallheizung

Über Jahrhunderte war zuerst die offene, später die ummauerte Feuerstelle Wärmequelle und zentrale Anlaufstelle im Haus. Das hat sich mit Einführung der Zentralheizung geändert. Alle modernen Heizungsanlagen sind auf Strom als Energiequelle angewiesen. Fällt der Strom aus, wird es auch in gut gedämmten Häusern mit modernen Niedrigtemperaturheizsystemen schnell kalt. Da freut sich jeder Hauseigentümer, der einen mit Holz oder Kohle befeuerten Ofen sein Eigen nennt, sofern er den Brennstoff bevorratet hat.

Wird der Ofen mit einer Wassertasche ausgerüstet, kann er die Wärme in die Zentralheizung einspeisen. Auch hierzu ist eine elektrisch betriebene Pumpe erforderlich. Fällt der Strom aus, muss mit einer handbetriebenen Pumpe gearbeitet werden, damit das in der Wassertasche befindliche Wasser nicht zu kochen beginnt. Wasserdampf hat das 1870-fache Volumen von Wasser. Der Ofen könnte infolge der Dampfbildung explodieren.

## 12.2  Die Sanitäranlage

Die Sanitäranlage umfasst die Leitungen für Frischwasser (Kalt- und Warmwasser) und evtl. Grauwasser (bei Regenwassernutzung für die Toilettenspülung und die Waschmaschine), die Schmutzwasserleitungen sowie die Sanitärgegenstände samt Tragkonstruktionen. Warmwasser führende Leitungen sind gegen Wärmeverluste zu dämmen, Kaltwasserleitungen (Trinkwasser) sind dann zu dämmen, wenn es zu einer Erwärmung des Wassers in der Leitung kommen kann. Kaltwasser führende Leitungen sollten möglichst auf kürzestem Weg zu den Trinkwasserentnahmestellen geführt werden, damit sich das Wasser – gerade, wenn die Leitungen unter Fußbodenheizungen verlegt sind – nicht zu sehr erwärmt.

Für den Wohnkomfort ist es von maßgebender Bedeutung, dass die Wasserlaufgeräusche in den Leitungen und Armaturen in den Wohn- und Schlafräumen fast nicht zu hören sind. Bei Leitungen erreicht man dies durch schallentkoppelnde Umhüllungen, bei den Armaturen durch entsprechend hochwertige Armaturen mit entsprechender Schallschutzklasse und bei den Sanitärgegenständen durch schallentkoppelte Montage mit Einlage einer Entkopplungsmatte und schallentkoppelten Befestigungen.

## 12.3  Die Lüftungsanlage

Die Lüftungsanlage soll die hygienische Raumluftqualität durch einen elektronisch geregelten und maschinell hervorgerufenen Luftwechsel sicherstellen. In vielen Fällen werden Lüftungsanlagen mit Einrichtungen zur Wärmerückgewinnung ausgerüstet, um die Energieeffizienz des Gebäudes zu verbessern. In erster Linie soll durch das Ablüften die durch die Nutzung der Räume eingetragene Feuchte abtransportiert und Schimmelpilzwachstum verhindert werden.

Die verschiedenen Anlagen unterscheiden sich im Wirkungsprinzip, in der Energieeffizienz, im Installationsumfang und im Platzbedarf, im Wartungsaufwand und natürlich im Investitionsbedarf.

## 12.3.1    Abluftanlagen

Das sind Anlagen, die sich darauf beschränken, Raumluft aus Räumen mit hohem Feuchteanfall, z. B. aus dem Bad, aus Nebenräumen (z. B. der Abstellkammer) oder auch aus Räumlichkeiten, die der Erschließung dienen, abzuziehen. Damit im Haus kein Unterdruck entsteht, werden in den anderen Wohnräumen Zuluftöffnungen erstellt, über die Außenluft ins Gebäude hineinströmt (nachströmt). Derartige Anlagen gibt es ohne Wärmerückgewinnung oder auch mit Wärmerückgewinnung über eine Abluftwärmepumpe. Ohne Wärmerückgewinnung entspricht der Effekt dem des Fensterlüftens, nur dass das Lüften ein weitgehend nutzerunabhängiger Vorgang ist. Im Winter strömt natürlich kalte Außenluft nach, was sich durch unangenehm kalte Luftströmungen bemerkbar machen kann. Ein Tauwasserausfall auf den Abdeckungen und im nahen Umfeld der Nachströmöffnung ist nicht auszuschließen.

## 12.3.2    Be- und Entlüftungsanlagen

Be- und Entlüftungsanlagen gibt es in Form dezentraler Einzelanlagen zumeist mit Wärmerückgewinnung oder als zentrale Anlagen mit Wärmerückgewinnung.

Je nach Anzahl der eingebauten Einzelanlagen liegt der Investitionsbedarf in einer ähnlichen Größenordnung, die je nach Hausgröße und Raumanzahl im vierstelligen bis hin zum fünfstelligen Bereich liegt.

Bei dezentralen Anlagen handelt es sich um Einzellüfter in den Außenwänden, bestehend aus einem Ventilator und einer luftdurchströmten Speichermasse. Die Drehrichtung des Ventilators dreht sich alle paar Minuten um, d. h. der Ventilator saugt für einige Minuten Raumluft aus dem Raum ab, schaltet um (die Drehrichtung wechselt) und saugt dann für einige Minuten Außenluft an, dann schaltet er wieder um, usw.

Die luftdurchströmte Speichermasse wird beim Abführen von Raumluft erwärmt (mit Wärme aufgeladen) und wärmt so die dann angesaugte Außenluft wieder an. Allerdings kühlt die Speichermasse dabei in Anhängigkeit der Außentemperatur wieder ab.

Bei zentralen Anlagen findet ein kontinuierlicher Luftaustausch statt, der durch das Absaugen der Raumluft gesteuert wird. Bei optimaler Einstellung strömt genauso viel Luft nach wie abgesaugt wird. Bei raumweiser Zu- und Abluft hat jeder Raum seine eigene Zu- und Abluft, bei zentralen Abluftabsaugungen in Flur, Bad und Nebenräumen, sind die Abluftöffnungen nur in eben diesen Räumen vorgesehen und in den anderen Räumen wird die Luft zugeführt. Bei dieser Anlagenkonstellation muss aus den Zulufträumen ein Überströmen der Luft zu den Ablufträumen hin gewährleistet sein. Im Regelfall erfolgt dieser Luftübertritt unter den Türblättern der Zimmertüren, die dazu um einige Millimeter gekürzt werden müssen.

Maßgebend bei allen Lüftungsanlagen ist die regelmäßige Wartung und Reinigung verbunden mit einem Filterwechsel. Unterbleibt diese, wirkt sich das unmittelbar auf die Raumlufthygiene aus. Bei zentralen Anlagen müssen auch die in Bodenaufbauten, Decken oder Wänden verlegten Luftkanäle gereinigt werden.

Beim Einbau der Anlagenkomponenten ist darauf zu achten, dass Luftverteiler und Leitungen durch entsprechende Abdeckungen vor dem Eintritt von Baustaub, Schmutz und Feuchtigkeit geschützt werden müssen.

**Bild 12** Nicht abgedeckte Öffnungen der Luftverteiler ermöglichen den baustellentypischen Schmutzeintrag und sind nebenbei auch beliebter Nistort für unsere gefiederten Freunde.

Die Energieeffizienz einer Lüftungsanlage hängt von der Wirksamkeit der Wärmerückgewinnungseinrichtungen, den transportierten Luftvolumina und der Luftdichtheit der Gebäudehülle ab.

# 13 Wärmeschutz oder die Energetik der Gebäudehülle

Die Anforderungen an den Wärmeschutz der Gebäudehülle sind in der Energieeinsparverordnung (EnEV) formuliert. Ausgehend von den Ölkrisen Anfang der 1970er-Jahre war es erklärtes politisches Ziel aller Bundesregierungen (ohne die EU), die Abhängigkeit von Erdölimporten zu verringern und den Energieaufwand für die Beheizung neuer Gebäude zu reduzieren. Zwischenzeitlich ist es erklärtes politisches Ziel, die Festlegungen der Klimaschutzkonferenzen von Kyoto (Kyotoprotokoll) und Paris 2016 zum $CO_2$-Ausstoß deutlich zu unterschreiten. Dies führte zur Absichtserklärung, bis 2020 nur noch Nullenergiehäuser genehmigen zu wollen. Forschung und Kampagnenmarketing wollen uns glauben machen, dass neue Gebäude, die auf Basis der jeweils geltenden EnEV errichtet werden, nur bedingt zukunftsfähig sind und einen schlechteren Wiederverkaufswert haben.

Die Anforderungen an den Wärmeschutz der Gebäudehülle nach EnEV sind schon heute hoch, vielleicht sogar zu hoch. Die Erfahrungen, die wir mit diesen Bauweisen in den kommenden Jahren machen, werden es an den Tag bringen. Mit diesen seit Jahren steigenden Anforderungen geht eine kontinuierliche Steigerung der Baukosten einher. Die Entwicklung dieser hochwärmedämmenden Baustoffe und Bauteile kostet Geld und die Halbwertzeit dieser Produkte – die Zeit, bis sie energetisch als überholt gelten – wurde stark reduziert. Zwischenzeitlich ist die Gebäudehülle thermisch so gut, dass eine weitere Verringerung der Transmissionswärmeverluste fast nicht mehr möglich ist. Weitere scheinbare Steigerungen der Energieeffizienz können nur noch durch haustechnische Anlagen und Energieträgerbewertung herbeigerechnet werden. Maßgeblichen Einfluss hat hier die politisch beeinflusste Bewertung der Energieträger. Fossile Energieträger werden deutlich schlechter bewertet als regenerative Energieträger, auch wenn diese Energieträger wie die fossilen verbrannt werden und $CO_2$ produzieren.

**176**

Über Förderdarlehensangebote, zinsgünstige Darlehen oder Tilgungszuschüsse, sollen Bauherren dazu gebracht werden, sich für eine noch energiesparendere Bauweise zu entscheiden. Es ist ein Rechenexempel, ob sich die Mehrinvestitionen in Gebäudehülle und Haustechnik über die Zinseinsparung refinanzieren lässt. Diese Rechnung sollte unbedingt angestellt werden. Nur auf diese Weise können Sie ermitteln, ob es sich für Sie überhaupt lohnen kann, sich auf das Wagnis eines KfW 55- oder KfW 40-Hauses einzulassen.

Grundsätzlich gilt: Die sparsamste Energiesparlampe, ist die, die nicht brennt. In Ihrem Komfortanspruch, Ihrem persönlichen Verhalten und dem Umgang mit Wärme und Licht und den anderen Energieverbrauchern im Haushalt liegt der Schlüssel zu energiesparendem Wohnen und zu niedrigen Energieverbrauchskosten. Die Wohn- und Schlafräume eines Hauses müssen zwar beheizbar sein, sie müssen jedoch nicht zwangsläufig beheizt werden.

## 13.1  Der Wärmeschutznachweis

Für jedes neue Bauvorhaben ist der Wärmeschutznachweis zu führen. Maßgebend ist die zum Zeitpunkt der Antragstellung geltende Energieeinsparverordnung (EnEV). Die EnEV ist Gesetz! Das bedeutet, dass sie zwingend einzuhalten ist.

Das ursprüngliche Ziel der ersten Energieeinsparverordnung – damals hieß sie noch Wärmeschutzverordnung – war es, die Abhängigkeit der Bundesrepublik Deutschland von den Erdölimporten zu vermindern und gleichzeitig Heizkosten zu sparen. Mittlerweile ist die EnEV von der Erfüllung der klimapolitischen Vorgaben des Kyotoprotokolls und der Klimaschutzkonferenz von Paris bestimmt. Als Bauherr tragen Sie die Folgen ganz direkt, denn Sie müssen dafür bezahlen.

Zwar war und ist die Grundidee bzw. die Motivation für die Schaffung einer solchen Gesetzeslage lobenswert, jedoch sind die Dimensionen nicht immer nachvollziehbar.

Der Wärmeschutznachweis wird nach öffentlich-rechtlichen Vorgaben durch eine Vergleichsrechnung mit einem Referenzgebäude geführt, das in der Geometrie mit dem Gebäude identisch ist, das Sie bauen (lassen) wollen.

**177**

Dieser Gebäude-Avatar steht in einer fiktiven Klimazone, die derzeit das Klima von Potsdam hat. Ihm werden bestimmte Eigenschaften vorgegeben: für die Dämmwerte der Bauteile der Gebäudehülle und die darin eingebauten Öffnungsbauteile (Fenster und Haustüren) sowie für die Ausstattung der Haustechnik samt Anteil an erneuerbaren Energien. Mit diesen Vorgaben errechnen die zur Verfügung stehenden Programme den Primärenergiebedarf ($Q_P$), den mittleren Wärmedämmwert der Gebäudehülle ($H_{T'}$) und den Primärenergieverbrauch (neu seit EnEV 2014) des Referenzgebäudes.

Die gleiche Berechnung erfolgt noch einmal für Ihr geplantes Gebäude, jedoch mit den Dämmwerten, die für die Bauteile Ihrer Gebäudehülle zutreffen, mit der in Ihrem Gebäude verbauten Heizungs- und Lüftungstechnik sowie dem Anteil an erneuerbaren Energien.

Wenn Ihr Gebäude die gleichen oder aber niedrigere $Q_P$- und $H_{T'}$-Werte wie das Referenzgebäude hat, sind die Anforderungen der EnEV erfüllt und das Gebäude darf (aus energetisch-juristischer Sicht) so errichtet werden.

Es ist verwunderlich, aber es gibt Hausanbieter, die in der Lage sind, die dramatisch gestiegenen Anforderungen mit 24 cm starken, ansonsten aber ungedämmten gemauerten Außenwänden zu erfüllen.

Wohlgemerkt, der rechnerische Nachweis wird für das Referenzklima Potsdam geführt. Bauen Sie nicht in oder um Potsdam, sondern in den höheren deutschen Mittelgebirgen, in der Region Hof (Bayern) oder im Alpenvorland, herrschen dort ganz andere Klimarandbedingungen. Dazu gehören deutlich längere Kälte- und Frostperioden, niedrigere Tages-, Wochen-, Monats- und Jahresmitteltemperaturen und auch andere Windverhältnisse. Die Energieverbrauchswerte, die im öffentlich-rechtlichen Nachweis errechnet werden, treffen daher für ihr Bauvorhaben konkret in der Regel nicht zu.

Das ist ähnlich wie die Verbrauchsangaben für Autos. Wenn Sie nur in Mittelgebirgen mit dem stetigen Hoch und Runter der Straßenführung unterwegs sind, haben Sie einen deutlich höheren Durchschnittsverbrauch als es die standardisierten Verbrauchszyklen hergeben.

Machen Sie sich bewusst, dass der Energieeinsparnachweis für ein Referenzklima ermittelt wurde, das mit den Klimarandbedingungen an Ihrem Bauort nur bedingt etwas zu tun hat. Ein mit heißer Nadel auf Kante genähter Energieeinsparnachweis kommt Sie in klimatisch ungünstigeren Lagen teuer zu stehen, denn Sie bezahlen den folglich erhöhten Energieverbrauch über all die Jahre, in denen Sie das Gebäude nutzen. Es ist daher definitiv sinnvoll, Geld in eine gut wärmedämmende thermische Gebäudehülle zu investieren.

## 13.2 Die thermische Gebäudehülle

Unter der Begrifflichkeit der thermischen Gebäudehülle finden sich all die Bauteile zusammen, die beheizte Räumlichkeiten gegen das im Winter kalte unwirtliche Draußen abgrenzen, d.h. Bauteile zwischen beheizbaren und nicht beheizbaren, also kalten Räumen.

Dazu zählen:

- Außenwände, die beheizbare Räume umschließen,
- Fenster und Haustüren von beheizbaren Räumen,
- Dachflächen, die an beheizbare Räume grenzen,
- Decken unter nicht beheizbaren Dachräumen,
- Wände im Haus, die beheizbare und nicht beheizbare Räumlichkeiten voneinander trennen (z.B. die Trennwand zwischen Wohnraum und Garage),
- Decken zwischen beheizbaren und nicht beheizbaren Räumen, z.B. die Kellerdecke, die Decke zum nicht ausbaubaren Dachgeschoss oder die Decke über einer im Haus befindlichen Garage,
- Innentüren zwischen beheizbaren und nicht beheizbaren Räumen.

Als beheizbar gelten Räume, wenn sie planmäßig eine Beheizungsmöglichkeit haben. Die Heizung muss nicht in Betrieb sein. Als nicht beheizbar gelten Räume, wenn sie planmäßig keine Beheizungsmöglichkeit haben.

Generell kann es im Interesse energiesparenden Wohnens sinnvoll sein, über die energetischen Eigenschaften von Bauteilen nachzudenken, die ständig beheizte von nur stundenweise beheizten Räumen trennen. Da auch über diese raumtrennenden Bauteile Wärme abfließt, kann eine wärmedämmende Ausführung Abhilfe schaffen.

Die wärmedämmende Gebäudehülle verhält sich ähnlich einer Thermosflasche, in der das eingefüllte Heißgetränk über mehrere Stunden warm bleibt, aber dennoch durch Wärmeverluste über die Hülle im Laufe der Zeit kälter wird und, wenn der Behälter nur lange genug im Kalten steht, auch gefriert. Auch bei einer gut wärmegedämmten Gebäudehülle geht Wärmeenergie verloren: Würde das Haus nicht weiter beheizt, wird es drinnen irgendwann mal genauso kalt, wie es draußen ist. Je besser die Wärmedämmeigenschaften der Hülle, umso geringer fallen die Wärmeverluste je Zeiteinheit aus, umso länger dauert der Auskühlprozess und umso geringer ist der benötigte Energiebedarf, um den aufgetretenen Energieverlust über Nachheizen auszugleichen.

Zusammenfassend lässt sich sagen, dass eine gut gedämmte Gebäudehülle geringe Energieverluste über die Hülle hat. Das spart Energie und somit Energiekosten. Wenn jedoch schon eine gut gedämmte Gebäudehülle vorhanden ist, bringt eine weitere Verbesserung keine nennenswerte Steigerung mehr, kostet aber im Vergleich zur erzielbaren Verbesserung unverhältnismäßig viel Geld und wird daher schnell unwirtschaftlich. Das ist die Krux, bei der wir mittlerweile angelangt sind. Unsere Gebäudehüllen sind schon mit Erfüllung der EnEV-Vorgaben so gut, dass eine wirklich nennenswerte Verbesserung kaum noch möglich ist. Dickere Dämmstoffpakete gehen zwar immer – die Dämmstoffindustrie freut sich über jeden Zentimeter an Dickenzuwachs –, machen sich aber in der Energiebilanz des Gebäudes kaum noch bemerkbar.

Bei einschaligen Mauerwerkswänden sind die baustofflichen Grenzen nahezu erreicht. Eine Verbesserung der Wärmedämmeigenschaften geht zulasten der Tragfähigkeit und der Schalldämmwirkung des Mauerwerks.

# 14 Die Bauphase

## 14.1 Auf der Baustelle

Bislang waren es nur Wunschträume, Kopfgeburten, Traumschlösser oder Hirngespinste, doch mit Baubeginn wird es beängstigend real. Mit dem Beginn der Erdarbeiten bekommt das Baugrundstück eine neue Priorität für Sie. Es wird zur Baustelle, zum Ort des Geschehens. Hier wird sich in den kommenden Monaten das in Stein und Beton oder in Holzbauweise manifestieren, was Sie an Vertragsleistungen eingekauft haben. Kommt alles zu einem hoffentlich guten Ende, werden Sie einige Monate später in das mehr oder weniger fertige Haus einziehen und – wie so viele vor Ihnen – dann feststellen, was man hätte anders oder besser machen können.

Sofern Sie auf dem eigenen Grundstück bauen, sind Sie für die Absicherung der Baustelle (Verkehrssicherungspflicht) verantwortlich. Da kann – je nach Lage des Grundstücks, z. B. an der Haltestelle des Schulbusses, neben Kinderspielplätzen oder öffentlichen Sportplätzen, an Schulen oder Kindergärten – einiges an Herausforderungen auf Sie zukommen. Sie sind daher gut beraten, die Baustellensicherung vertraglich an den Generalunternehmer bzw. an ein ausführendes Unternehmen abzugeben.

Bauen Sie mit einem Bauträger bzw. haben Sie von einem Bauträger gekauft, können Sie sich noch getrost zurücklehnen, denn bis zur Bauübergabe ist der Bauträger dafür verantwortlich. Dann dürfen Sie aber mitunter während der Bauphase nicht unangemeldet auf die Baustelle. Denn Eigentümer des Grundstücks ist der Bauträger und er darf daher bestimmen, wer wann auf die Baustelle, d. h. auf sein Grundstück darf.

In der Bauphase werden die Sachverhalte, die Tragwerksplaner und Werkplaner auf großen Papier- oder Folienbögen dargestellt haben, in die dreidimensionale Realität, das Bauwerk umgesetzt. Es kommt dabei darauf an, die Vorgaben einzuhalten. Wird von den planerischen Vorgaben abgewichen, kann dies zu schwerwiegenden Mängeln führen. Dies kann aber nur festgestellt werden, wenn Sie die entsprechenden Dokumente auch haben.

**184**

## Vermeiden Sie nachträgliche Abänderungen

Auf der Baustelle werden die bisherigen Überlegungen des Architekten und Ihre Überlegungen, die in die Planung eingeflossen sind, in eine dreidimensionale Struktur gebracht. Haben Sie ein Fertighaus in Auftrag gegeben, dann hatten Sie nur bedingt Einfluss auf die Planung.

Bitte beachten Sie, dass es auf der Baustelle einen Bauleiter geben sollte, der die Bauüberwachung macht (siehe dazu auch KAPITEL 2.5.5 DER BAULEITER).

Der Bauleiter hat grundsätzlich keine Vertretungsbefugnis für Sie auf der Baustelle. Das bedeutet, dass dieser nichts vereinbaren oder beauftragen kann, was Sie am Ende Geld kostet. Sie müssen dies vielmehr wollen und hierauf auch im Vorfeld hingewiesen worden sein. Etwas anderes kann sich allenfalls dann ergeben, wenn Gefahr in Verzug ist. Das ist aber ein Ausnahmefall.

Auf der Baustelle haben jedoch der Bauleiter oder der Polier grundsätzlich die Möglichkeit, in den Bauablauf und die Art und Weise der Ausführung einzugreifen. Solange dies für Sie zu keinen Mehrkosten führt, muss er Sie auch nicht vor Ausführung dazu befragen bzw. Ihre Zustimmung dazu einholen.

Überlegen Sie vor diesem Hintergrund auch, ob Sie dem Bauleiter eine Vollmacht geben, damit er auch für Sie kostenrelevante Entscheidungen treffen darf.

Was ist nun, wenn Sie merken, dass Sie doch gerne eine andere Ausführung hätten, als Sie ursprünglich bestellt haben? Bitte seien Sie sich bewusst, dass bauliche Änderungswünsche in der Bauphase hochproblematisch sein können. Zum einen ist die spontane Umsetzung aufgrund der nicht oder nur begrenzt vorhandenen Bauelemente und Materialien kaum möglich. Es kommt zu Verzögerungen und ggf. Wartezeiten für die Bauarbeiter. Auch wenn diese gerade nichts zu tun haben, kostet das Ihr Geld. Die Auswirkungen auf die nachfolgenden Gewerke sind bei solchen Spontanänderungen nicht absehbar.

Aufgrund der sich möglicherweise daraus ergebenden Komplikationen sollten Sie es sich sehr gut überlegen, wie wichtig Ihnen Ihr Änderungswunsch wirklich ist.

## Wahren Sie die Hierarchie

**185**

Wenn Sie der Meinung sind, dass Änderungen sein müssen, dann steuern Sie das so weit oben in der Hierarchieebene wie möglich ein – am besten über den Bauleiter Ihres Baupartners, Ihren Bauleiter oder den Architekten, ansonsten über die Geschäftsleitung der Unternehmung. Fragen Sie dort auch gleich an, was die Änderungen kosten werden. Sprechen Sie jemanden auf einer anderen Ebene an, kann es sein, dass die Leistungen ausgeführt werden und Sie diese dann bezahlen müssen. Möglicherweise hätten Sie diese aber gar nicht ausführen lassen, wenn Sie den Preis zuvor gekannt hätten. Aber nicht nur der Preis ist entscheidend, sondern auch die Auswirkungen auf die Bauzeit, den Fertigstellungstermin und damit Ihren Einzugstermin.

Es kann übrigens auch vertraglich geregelt sein, wer bei Ihren Änderungswünschen Ansprechpartner ist. Ebenso kann vertraglich geregelt sein, bis wann Sie Änderungswünsche überhaupt noch beauftragen können. Denn auch die ausführenden Unternehmen haben ein Interesse daran, möglichst schnell fertig zu werden. Jede Zeitverzögerung kostet auch diese Geld, die sie nicht immer unbedingt von Ihnen über den Preis für die Leistungsänderung vergütet erhalten. Für den Fall, dass Sie die Leistungsänderung dann doch nicht beauftragen, weil es Ihnen zu teuer ist, erhalten die ausführenden Unternehmen und/oder Planer oftmals überhaupt keine Vergütung für Ihre geleistete Arbeit wie Kalkulation und/oder Planung.

Zudem bestehen Koordinationsverpflichtungen: Wenn Sie mit einem Unternehmen, z. B. mit dem Elektroinstallateur eine Festlegung über die Anordnung von Steckdosen und Lichtschaltern treffen oder eine bestehende Festlegung verändern, sind Sie grundsätzlich in der Pflicht, die anderen Baubeteiligten darüber zu informieren. Daher ist es am besten, solche Festlegungen oder Festlegungsänderungen über den von Ihnen beauftragten Architekten oder die zuständige Bauleitung einzusteuern. Auf der Baustelle werden die beauftragten Bauleistungen erbracht. Die möglichen Wünsche der Bauherren zu erraten, ist keine Bauleistung.

Alle Baubeteiligten – auch die Bauleitung – leben von Informationen. Informationen sind Bringschulden. Wer ändert, muss die anderen Baubeteiligten darüber informieren und zwangsläufig mit den Konsequenzen und den Kosten leben. Wenn Sie Bauherr sind, können grundsätzlich nur Sie ändern. Seit dem 01.01.2018 besteht laut BGB die Möglichkeit, solche Leistungsänderungen auszusprechen und – soweit es zumutbar ist – von dem ausführenden Unternehmen zu fordern. Des Weiteren wird eine Kalkulationsgrundlage für die Berechnung der neuen Vergütung im Gesetz fixiert.

### Das Baustellenoutfit des Bauherrn und der Bauherrenfamilie

Die Baustelle ist ein Ort, an dem gearbeitet wird. Da ist es laut, dreckig, staubig und für Uneingeweihte wie Sie auch grundsätzlich gefährlich. Ihr Baustellenoutfit sollte diesen Umständen gerecht werden. Dies gilt insbesondere für das Schuhwerk. Sandalen, High Heels oder Flipflops haben auf der Baustelle nichts zu suchen.

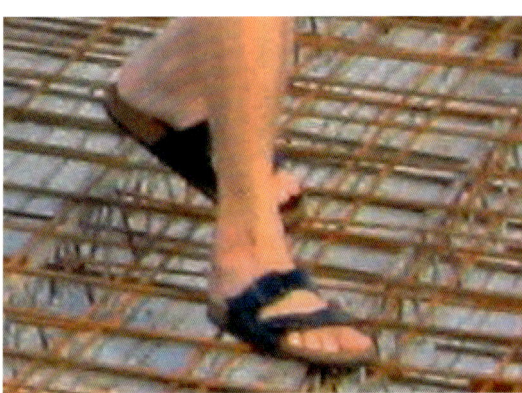

**Bild 13** Ungeeignetes Bauherrenschuhwerk (Foto: Mit freundlicher Genehmigung meines Mandanten H.J. Scheer)

Ein verantwortungsbewusster Bauleiter oder Polier wird Sie mit falschem Schuhwerk Ihrer Baustelle verweisen. Stabile geschlossene Schuhe – am besten Sicherheitsschuhe der Klassifikation S3, durchtrittsicher und mit Zehenschutzkappe – sind die wesentlich bessere und gesündere Wahl für die Baustelle. Unter Umständen ist auch das Tragen eines Helms erforderlich.

Sollten Sie sich schwindelig fühlen oder gehbehindert sein, überlegen Sie ernsthaft, ob Sie die Baustelle besuchen. Das Risiko, dass Ihnen etwas passiert, ist hoch.

Eine Investition in Baustellenkleidung rechnet sich aufgrund der gesteigerten Sicherheit und durch geringeren Verschleiß des normalen Outfits.

## Kinder auf der Baustelle

Auf der Baustelle lauern vielfältige Gefahren: ungesicherte Absturzkanten, nicht abgedeckte Deckendurchbrüche, hochstehende Nägel, scharfkantige Metallgegenstände oder -stäbe, labil übereinandergestapelte Baustoffe und vieles mehr. Diese sind schon für Erwachsene zum Teil nur schwer als Gefahr zu erkennen – für Kinder, die die Baustelle in erster Linie als großen Abenteuerspielplatz begreifen, sind sie nicht existent. Auch der Erdhaufen mit dem Erdaushub der Baugrube kann lebensgefährlich sein, wenn Kinder beim Spielen und Buddeln unter abrutschenden Erdmassen begraben werden.

Lassen Sie Kinder auf der Baustelle nie unbeaufsichtigt.

## 14.2 Baudokumentation: Das »Bauherrliche« Bautagebuch

Dokumentieren Sie für sich und aus Ihrer Sicht den Bauablauf und den Baufortschritt, so wie er sich für Sie darstellt. Machen Sie das nach Möglichkeit kontinuierlich bei bzw. nach jedem Baustellenbesuch. Dokumentieren Sie in einem gleichbleibenden Schema, wie Sie es zum Beispiel auf der Internetpräsenz des Verbandes Privater Bauherren e.V. finden (https://www.vpb.de/vpb-bautagebuch.html). Notieren Sie sich dabei auch, welche Witterungsbedingungen herrschten, welcher Handwerker, mit welcher Mannstärke auf der Baustelle war, wann Sie vor Ort waren und welche Leistungen erbracht wurden.

Sie erstellen auf diese Weise eine dem zeitlichen Abstand Ihrer Baustellenbesuche geschuldete mehr oder weniger lückenlose Dokumentation des Bauablaufs und des Baufortschritts. Sie können mit geeigneten Notizen anhand des Bautagebuchs dokumentieren, wann und unter welchen äußeren Rahmenbedingungen welche Gewerke, Bauleistungen oder Teilleistungen erbracht wurden. So können Sie auch später immer sagen, welche Handwerker zu Ihren Besuchsterminen auf der Baustelle tätig waren und was diese gemacht haben. Sie haben einen Überblick, was Sie, mit wem vor Ort besprochen haben, sofern Sie es notiert haben. Es ist unbedingt zu empfehlen, wenn Sie Festlegungen getroffen haben, diese per E-Mail oder besser per Fax oder Brief zu bestätigen. Sollte es, was keiner hoffen möchte, zum Streit kommen, haben Sie ein Dokument, das vor Gericht als Beweis vorgebracht und herangezogen werden kann, sofern eine gewisse Kontinuität, Genauigkeit und Qualität der Dokumentation gewährleistet ist.

Einige Organisationen, die sich den Verbraucherschutz am Bau auf die Fahnen geschrieben haben, bieten entsprechende Vorlagen an (z.B. der Verband Privater Bauherren e.V.).

Bitte verwechseln Sie diese Art der Dokumentation nicht mit anderen notwendigen Dokumentationen über die Art und Weise der Bauausführung, die Sie z.B. als Bauherr gegenüber den Behörden haben (z.B. Brandschutz). Diese hier erläuterte Dokumentation dient vielmehr dazu, Ihr Gedächtnis zu sein und so vielleicht auch gezielt Ursachen für auftretende Mängel herauszufinden.

## 14.3    Fotografieren? – Je mehr, desto besser!

Fotografieren ist die bildgebende Dokumentation des Bauablaufs und ergänzt das vorerwähnte Tagebuch in idealer Weise. Ein geeignetes Bild sagt mehr aus als tausend Worte und erspart ausufernde Prosa.

Mit modernen Smartphones ist Fotografieren kein Problem mehr. Wer möchte, kann natürlich auch hochauflösende Spiegelreflex- oder Kompakt-kameras verwenden. Das eingeblendete Datum und die Uhrzeit in den Bildern erleichtern Ihnen die chronologische Sortierung.

Je höher die Auflösung ist, mit der Sie fotografieren, umso weiter kann in die Bilder hineingezoomt werden, ohne dass es pixelig wird.

### 14.3.1    Was soll fotografiert werden?

Bilder, die in erster Linie Familienangehörige und Freunde zeigen, sind nur bedingt für eine fotografische Dokumentation der Baustelle und der Baustellensituation sowie des Baufortschritts geeignet. Manchmal aber ist es sinnvoll oder sogar unumgänglich, Personen zu fotografieren. Eine Person kann z. B. den Größenmaßstab halten oder auf ein bestimmtes Detail deuten. Vorteil davon ist, dass der Zeuge oder die Zeugin oder der Verursacher auch gleich fotografiert wird. In erster Linie geht es jedoch um Ihr Gebäude und seine Teile sowie die Art und Weise, in der sie ausgeführt und zusammen-gefügt sind.

Fotografieren Sie neben den Details der Bauausführung auch die Baustoff-gebinde. Dies bitte so, dass Baustoffbezeichnung und Fabrikat erkennbar sind. Bei Dämmstoffen ist das in der Regel der Gebindezettel, der in jeder Dämm-stoffverpackung enthalten ist. Bei Mauersteinen sollten Sie am besten die palettierten und einfolierten Steine fotografieren, sodass der Aufdruck auf den Folien lesbar ist.

Fotografieren Sie nach der Elektroinstallation vor Innenputz jede einzelne Wand unter Zuhilfenahme des Gliedermaßstabs oder schreiben Sie die Maße gut lesbar auf die Wand. Auf diese Weise bekommen Sie eine aussagekräftige, gute Dokumentation über die Lage der Elektroleitungen.

**190**

Fotografieren Sie, wenn sich die Gelegenheit bietet, auch die auf den Decken und der Bodenplatte verlegten Rohrleitungen, Elektrokabel- und Leerrohre. Nutzen Sie auch dabei wieder den Gliedermaßstab.

 Scheuen Sie sich nicht vor schmutzigen Schuhen/Kleidern: Für aussagekräftige Fotos muss man hin und wieder auch in die Baugrube hinabsteigen oder sich auch mal in den Baustellenstaub legen, um aus Bauch- oder Rückenlage fotografieren zu können.

## 14.3.2 Wie soll fotografiert werden?

Fotografieren Sie nach einem gleichbleibenden Schema, das erleichtert im Nachhinein die Zuordnung der Bilder zu den einzelnen Räumen. Gehen Sie dabei entweder immer im oder immer gegen den Uhrzeigersinn vor. Wenden Sie dieses Vorgehen auch immer innerhalb eines Zimmers an. Das bedeutet, dass immer ausgehend von der Zugangstüre jede einzelne Wand im oder gegen den Uhrzeigersinn fotografiert wird. Die Raumbezeichnung mit Bleistift oder Haftklebezettel kenntlich zu machen, kann dabei hilfreich sein.

Fotografieren Sie zunächst die Übersichten, dann die Details. Auf einer Übersichtsaufnahme sollen die Stellen, die Sie in Nah- und Detailaufnahmen zeigen wollen, erkennbar sein und am besten identifizierbar markiert werden. Farbige Haftklebezettel oder leuchtend buntes Isolierband leisten hierbei gute Dienste. So erleichtern Sie sich auch im Nachhinein die Zuordnung zu den einzelnen Räumen.

Nahaufnahmen der einzelnen Stellen sollten Sie immer mit einem beigestellten oder daneben gehaltenen Größenmaßstab fotografieren. Dazu eignen sich gut Gliedermaßstäbe (Zollstöcke) oder Fotomaßstäbe. Gliedermaßstäbe mit Nivelliereinteilung oder mit unterschiedlich farbiger 10 cm-Einteilung erleichtern die Zuordnung und das Ablesen der Maße.

**Bild 14** Übersichtsaufnahme mit markiertem Rissverlauf

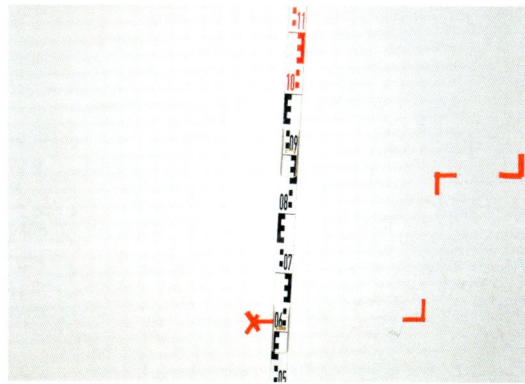

**Bild 15** Detailaufnahme mit Gliedermaßstab: Detailaufnahmen sollten immer mit einem beigelegten Rissbreitenlineal oder einem Fotomaßstab (Rückseite des Rissbreitenlineals) als Größenvergleich fotografiert werden.

**Bild 16** Detailaufnahme einer Rissbreitenmessung mit Rissbreitenvergleichsmaßstab

**192**

Wenn Sie sich durch einen Bausachverständigen begleiten lassen, stimmen Sie sich mit ihm ab, ob Sie ihm regelmäßig Bilder zur Verfügung stellen sollen. Lassen Sie sich von ihm auch zeigen, wie er fotografiert und was ihm bei Bildern wichtig ist. Anderenfalls kann es sein, dass der Bausachverständige mit Ihren Bildern wenig anfangen kann.

### 14.3.3 Die Ablage der Bilder

Ein Ablegen der Bilder in Tagesordnern erleichtert die spätere Verwendung und Zuordnung. Ergänzt man die Datumsangabe noch um eine stichwortartige Beschreibung der maßgeblichen Tätigkeiten, wird das Auffinden bestimmter Bautenstände im Nachhinein deutlich einfacher.

Sollte Ihnen etwas auffällig erscheinen, wenden Sie sich an die Bauleitung und/oder direkt an Ihren Hausbaupartner. Das Prinzip der Schriftlichkeit unter Beigabe von Fotos, z. B. als E-Mail mit Anhängen, ist aus Beweisgründen der reinen telefonischen oder mündlichen Absprache auf der Baustelle vorzuziehen. Bitte beachten Sie dabei: Bauleiter haben nichts weniger als Zeit. Eine gewisse Bearbeitungszeit für die Beantwortung sollten Sie ihm daher einräumen. Schließlich soll er Bauten leiten und nicht in erster Linie E-Mails lesen und beantworten. Sie sollten auch nicht erwarten, dass eine Antwort binnen eines Tages erfolgen muss.

Sollten Sie aufgrund ausbleibender oder als ungenügend empfundener Antworten verunsichert sein, wenden Sie sich an einen Bausachverständigen Ihres Vertrauens.

E-Mails erfüllen nur dann das Erfordernis der Schriftlichkeit, wenn diese mit einer elektronischen Signatur versandt werden.

Sollten Sie im Vertrag, z. B. für eine Mängelbeseitigungsaufforderung, die Schriftform vereinbart haben, so reicht das Versenden per E-Mail ohne elektronische Signatur nicht aus.

Auch einem Fax muss das Original per Post folgen. Ansonsten kann auch dort nicht zwingend von Schriftlichkeit ausgegangen werden.

Das mag sich in den nächsten Jahren ändern. Derzeit ist dies jedoch geltende Rechtsprechung.

Mängelbeseitigungsaufforderungen vor der Abnahme sind im BGB NICHT geregelt bzw. müssen anders gelöst werden als nach der VOB Teil B. Die VOB Teil B kann als allgemeine Geschäftsbedingung mitvereinbart werden. Über die Vor- und Nachteile sollten Sie sich Gedanken machen. Überlegen Sie daher auch vor Vertragsschluss am besten, wie welche Kommunikation wann erfolgen soll.

**193**

## 14.3.4    Hilfsmittel beim Fotografieren

### Gliedermaßstab (Zollstock)

Gliedermaßstäbe eigenen sich hervorragend als Hilfsmittel für die fotografische Dokumentation. In farbiger Ausführung sind sie auch vor einem fast weißen Putzhintergrund noch gut zu erkennen. Bei hochauflösenden Bildern lässt sich die Maßskala auch aus größerer Entfernung noch gut ablesen.

### Maßbänder

Maßbänder aus Papier oder auch Rollmeter lassen sich leicht auf die Wand kleben.

### Rissbreitenvergleichsmaßstab/Fotomaßstab

Ein Rissbreitenvergleichsmaßstab hilft dabei, die Dimensionen auf Detailaufnahmen in richtiger Weise zu beurteilen, und kann verhindern, dass der Betrachter manche Zustände überwertet oder dramatisiert.

### Haftklebezettel in unterschiedlichen Farben und Formen

Klebezettel in Signalfarben sind auf Übersichtsaufnahmen auch aus größerer Entfernung noch gut erkennbar und erleichtern die Lokalisierung. Außerdem kann man sie mit Blei- und Filzstift oder Kuli gut beschreiben.

### Farbige Klebebänder/Isolierband

Mit farbigem Klebeband lassen sich Fugen- und Rissverläufe gut erkennbar darstellen.

**194**

## Spiegel

Ein Spiegel leistet beim Fotografieren gute Dienste. Mit seiner Hilfe gewinnt man Einblicke an Stellen, die ansonsten der direkten Einsichtnahme entzogen sind und gar nicht oder nur unter akrobatischen Verrenkungen fotografiert werden können.

## Taschenlampe

Auch eine kleine Taschenlampe bringt Licht ins Dunkel, hebt Interessantes hervor und passt in die Tasche der Baustellenhose.

Permanentstift und Wachs-/Ölkreide haben bei der Fotodokumentation nichts zu suchen. Im schlimmsten Fall schlagen die Markierungen an Wand und Decke durch den Anstrich durch, was auch schon bei farbigen Bleistiften der Fall sein kann. Das wäre ein Schaden, den Sie an der Bauleistung verursacht haben und für dessen Beseitigung Sie aufkommen müssten.

## 14.4  Maßprüfung am Bau

Bauherren sollten von Beginn an die Bauwerksmaße anhand der vorliegenden Pläne kontrollieren. Die Bauherren sind im Regelfall mit am nächsten dran und haben natürlich großes Interesse am Fortgang der Bauarbeiten und an dem, was über den Tag hinweg auf der Baustelle passiert ist. Es bietet sich an, diese informellen Besuche mit einer Überprüfung der Maße zu verbinden.

Dazu werden die folgenden Arbeitsmaterialien benötigt:

▶ ein Arbeitssatz Pläne oder Plankopien, in die man hineinschreiben kann,
▶ Gliedermaßstäbe (2 m und 3 m),
▶ ein Maßband,
▶ eine Wasserwaage (1 m),
▶ eine Setzlatte (2 m und/oder 3 m),
▶ ein Senklot mit mittelgroßer Schraubzwinge,
▶ ein Zimmermannswinkel,
▶ ein Maurerbleistift.

Gute Dienste leisten auch preiswerte Laserentfernungsmesser mit Messpunktanzeige, die für unter 100 Euro in Baumärkten angeboten werden.

Bitte beachten Sie, dass sich die Maßketten in den Plänen im Massivbau immer auf Rohbaumaße beziehen, d.h. auf die Längen zwischen den unverputzten Wänden. Im Vergleich der Maße vor und nach dem Verputzen kann man dabei auch ganz leicht die angetragene Putzstärke ermitteln.

Wichtig ist nicht nur die Maßkontrolle, sondern auch die Kontrolle der Winkel, insbesondere der rechten Winkel in den Raumecken und an den Laibungen. Hierbei leistet der Zimmermannswinkel gute Dienste.

Eine schnelle Winkelkontrolle ist über den natürlichen Pythagoras möglich. Der natürliche Pythagoras beschreibt das Längenverhältnis von Kathete : Kathete : Hypotenuse von 3x : 4x : 5x. Der Faktor x ist dabei eine beliebige Länge, die 20 cm, 65 cm oder 98 cm betragen kann (beliebig eben, aber gleich). Auf diese Weise kann man die Rechtwinkligkeit an zwei im vermeintlich rechten Winkel zueinanderstehenden Wänden ganz leicht überprüfen: An einer Wand werden die drei und an der anderen Wand die vier Ausgangslängen aus der Ecke heraus angetragen und die Endpunkte markiert. Beträgt die Länge zwischen den beiden Endpunkten das Fünffache der Ausgangslänge, ist es ein rechter Winkel. Ist die Länge größer oder kleiner, kann es kein rechter Winkel sein.

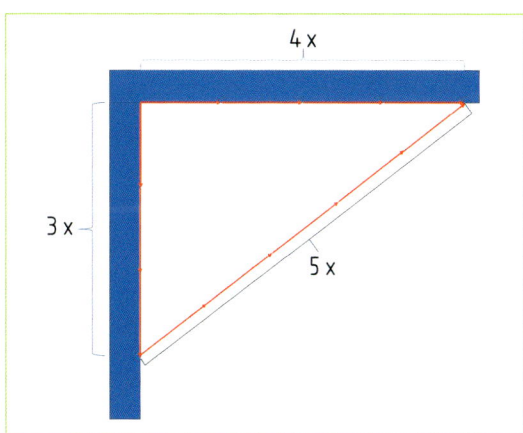

**Bild 17** Schemaskizze zum natürlichen Pythagoras

**196**

Unbeabsichtigt schief zueinanderstehende Wände beeinträchtigen das Raumgefühl ganz erheblich, da sie andere Fluchtlinien, z. B. Fugen des Bodenbelags, die unterbewusst wahrgenommen werden, stören. Die Außerwinkligkeit von Laibungen wird sehr schnell augenfällig und führt beim Betrachter zu unterschiedlichen Reaktionen. Sofern nichts anderes vereinbart ist, sind Laibungen im Regelfall im rechten Winkel auszuführen. Um dies feststellen zu können, leistet ein Schreibblock gute Dienste, denn seine Blattkanten sind immer rechtwinklig zueinander.

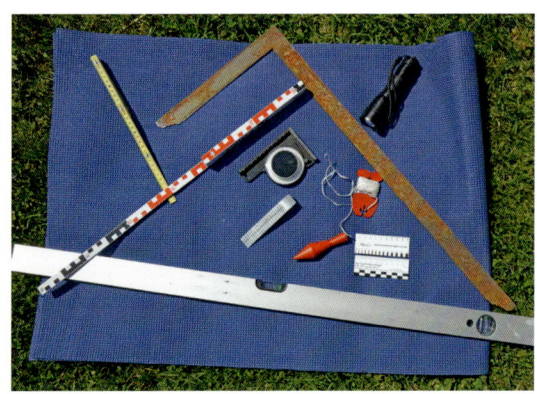

**Bild 18** Messwerkzeuge für den Bauherrn: Gliedermaßstab mit Nivellier- und Millimetereinteilung, Zimmermannswinkel, Winkelmesser, Messkeil, Senklot, Fotomaßstab, Rissbreitenvergleichsmaßstab, Wasserwaage; auch eine Taschenlampe sollte nicht fehlen.

Die Lotrechte misst man mit Wasserwaage und Richtscheit oder mittels Senklot und Gliedermaßstab.

Der Vorteil des Senklots ist, dass es immer absolut senkrecht hängt. Wenn das Senklot mit einer Schraubzwinge oder einem in die Stoßfuge getriebenen Nagel aufgehängt wird, kann man die Abstände der Lotschnur zu den Wandkanten messen und so die Abweichung ermitteln.

Bitte nicht vergessen: Am Bau sind teilweise beachtliche Maßtoleranzen zulässig, die zum einen aus den fertigungsbedingten Toleranzen der Baustoffe als auch aus den Toleranzen bei der Verarbeitung herrühren. Es ist eben doch alles Handarbeit.

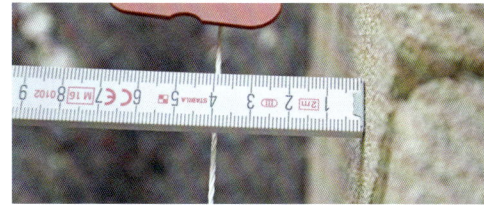

**Bild 19** Messung mit Senklot und Gliedermaßstab: Der Abstand oben beträgt 3,9 cm, unten 4,4 cm. Die Wand ist also nicht vollständig senkrecht, aber innerhalb der zulässigen Toleranzen.

Wenn Sie Maßabweichungen feststellen, sprechen Sie den Bauleiter darauf an oder schicken Sie am besten eine E-Mail mit den festgestellten Maßabweichungen (Kopie der Maßskizze mit den festgestellten Maßen beifügen). Sofern Sie Ihr Bauvorhaben von einem Bausachverständigen begleiten lassen, können Sie die Informationen auch an diesen weiterleiten.

Wenn z. B. ein altes Möbelstück unbedingt Platz haben soll, muss dies in der Planung und in der Bauausführung berücksichtigt werden. Das Haus muss quasi »um dieses Möbelstück herum gebaut werden«. Dazu müssen die Maße so sein, dass das Möbelstück auch an den vorgesehenen Platz gebracht und dort aufgestellt werden kann – unter Berücksichtigung des Innenputzes und des Fußbodenaufbaus. Auch die Treppenaufgänge und Flure müssen genügend Raum für den Transport des Möbelstücks bieten. In einer solchen Konstellation sind eine ganze Menge maßlicher Randbedingungen zu berücksichtigen.

**198**

 Frühzeitig festgestellte und beanstandete Maß- oder Winkelabweichungen können verhältnismäßig leicht korrigiert werden. Keiner ist begeistert, wenn Korrekturen vorgenommen werden müssen. Aber: Ist die Decke erst einmal betoniert, ist die Abweichungskorrektur bei den tragenden Wänden schon weitaus schwieriger.

Ein weiterer sehr wichtiger Punkt bei flächenfertigen Oberflächen sind die Ebenheitstoleranzen. Sie bestimmen das endfertige Aussehen von Wand-, Boden- und Deckenflächen. Außer bei bewusst rustikal ausgeführten Oberflächen ist eine planmäßige Ebenheit gefordert. Dass glatt eben doch nicht glatt ist, wird bei Streiflicht (seitlich einfallender Belichtung) deutlich. Wenn großflächige Fliesen verlegt werden sollen, muss der Untergrund (Putzoberfläche oder Estrich) einer höheren Ebenheitsanforderung genügen, um ein Hohlliegen der Fliesen zu vermeiden. Solch erhöhte Anforderungen sind gesondert zu vereinbaren und erfordern erheblich mehr Sorgfalt und ggf. zusätzliche Arbeitsschritte bei der Ausführung.

Die Ebenheit von Oberflächen wird mit Setzlatte und Messkeil geprüft. Das ist eine Kunst für sich, über die etliche Bücher geschrieben wurden. Die Prüfung sollten Sie dem Fachmann überlassen. Einen ersten Anhalt bieten Pfützen, die sich nach Regenfällen in den Vertiefungen der noch nicht überdachten Betondecken bzw. Bodenplatten bilden. Dort können Sie durchaus mit dem Gliedermaßstab messen, wie hoch das Wasser steht.

Typischerweise fordern die Ausführenden der Finish-Gewerke (d.h. Gewerke, die die endfertigen Oberflächen erstellen) Mehraufwendungen für vorbereitende Spachtel- und Ausgleichsarbeiten. Das ist nur zulässig, wenn die wesentlich höheren Toleranzabmaße der nicht flächenfertig zu erstellenden Bauteiloberflächen überschritten wurden. Ansonsten ist der Aufwand an Material und Arbeitszeit für das Ausgleichen der zulässigen Toleranzabmaße einzukalkulieren.

Die Ursache notwendiger Spachtelarbeiten kann auch in dem sogenannten Vorgewerk liegen. Daher sollte schon beim Vorgewerk darauf geachtet werden, ob die Toleranzen eingehalten wurden.

Sollten derartige Forderungen aufkommen, wenden Sie sich an den Bauleiter oder den Sie begleitenden Sachverständigen.

## 14.5  Bauen im Winter

Der Winter ist auf der Baustelle seit Alters her eine Zeit der Ruhe. Unseren Vorfahren war bewusst, dass die Verarbeitung der mit Wasser abbindenden Baustoffe bei Frost zu schwerwiegenden Schäden bis hin zum Einsturz von Gebäuden oder Gebäudeteilen führen kann. Daher deckte man Mauerkronen und Gewölbe mit Stroh ab und überließ die Baustelle sich selbst. Die 0 °C-Grenze (Gefriertemperatur von Wasser) ist auch heute noch die magische physikalisch-chemische Grenze. Wasser wechselt bei Erreichen dieser Temperatur von flüssigem in den festen Aggregatzustand und gefriert. Da dies – wir erinnern uns an den Physikunterricht – unter Volumenvergrößerung geschieht, sind Bauschäden bei Frosteinwirkung auf nasse Baustoffe vorprogrammiert.

Die Baustoffhersteller haben darauf reagiert und geben in den meisten Fällen als Mindestverarbeitungstemperatur für Baustoffe 5 °C an. Diese Temperatur gilt für die Materialien, die verarbeitet werden sollen, für die Lufttemperatur und auch für die Bauteiloberflächen, mit denen das Material in Berührung kommt bzw. auf die es aufgetragen wird.

**Bild 20** Winterzeit ist Ruhezeit auf dem Bau: Bauen im Winter ist eine Herausforderung für Mensch und Baustoffe.

Diese von den Herstellern geforderte Mindestverarbeitungstemperatur von 5 °C hat einen Hintergrund. Selbst wenn ein plötzlicher Frosteinbruch auftreten sollte, hält die Kontaktfläche noch für Stunden oder Tage höhere Temperaturen. Ein Gefrieren des Wasseranteils im Baustoff ist daher sehr unwahrscheinlich. Wenn es nach Frostperioden wieder wärmer wird und die Temperaturen langsam in den Plusbereich wechseln, sind die Baustoffe und Bauteile immer noch tiefgefroren. Erst wenn auf den Bauteiloberflächen im Schatten mindestens +5 °C gemessen werden, ist davon auszugehen, dass die Bauteile und Baustoffe durch und durch aufgetaut sind. Die von den Baustoffherstellern angegebenen Bereiche für die Verarbeitungstemperaturen sollten unbedingt beachtet werden. Ansonsten können Frostschäden an Mauerwerk, Putz-, Estrich oder Farboberflächen die Folge sein.

Mauerarbeiten sollten keinesfalls bei Frost vorgenommen werden, da Mauermörtel und Kleber ebenfalls hydraulisch abbinden, d.h. ihr Reaktionspartner ist Wasser. Wird der Abbindevorgang durch Frost unterbrochen, kommt er vollständig zum Erliegen. Bei der gemauerten Wand handelt es sich dann lediglich um eine systematische Anhäufung von Mauersteinen, die nur lose aufeinander stehen.

Auch die Untergrenze der Verarbeitungstemperatur vieler anderer Baustoffe, z.B. Klebstoffe, Klebebänder, Dichtstoffe oder Abdichtungsmaterialien, liegt deutlich oberhalb des Gefrierpunktes. Unterhalb dieser Mindestverarbeitungstemperatur sollten sie nicht mehr verarbeitet werden.

Früher ließ man Baustellen »durchwintern« oder »durchfrieren«. Bauteile wurden durch den ständigen Luftaustausch quasi gefriergetrocknet. Davon ist man heute aus Zeit- und Finanzierungsgründen abgekommen. Dennoch war es keine schlechte Lösung, denn so manche Feuchteproblematik, die wir heute haben, würde sich auf diese Weise nicht ergeben.

Sie als Bauherr sollten frühzeitig darauf hinwirken, dass die Baustelle beheizbar gemacht wird. Dabei geht es dem Baukörper nicht anders als uns Menschen. Wir sollten die warme Jacke anziehen, bevor uns kalt ist – genauso sollte der Bau schon beheizt werden, bevor er vollständig ausgekühlt ist. Ansonsten ist der benötigte Heizwärmeeinsatz, um die Bauteile wieder auf verarbeitungsverträgliche Temperaturen zu bringen, extrem hoch. Die Kostentragung hängt davon ab, was vertraglich vorgesehen war. War die Bauzeit im Winter vorgesehen, liegt die Kostentragung in der Regel beim Bauunternehmer. Wenn sich die Bauzeit verschiebt, kommt es darauf an, wer dafür verantwortlich ist. Passen Sie auf mit der Behauptung, es läge Schlechtwetter vor. Das ist eher die Ausnahme als die Regel. Lassen Sie sich nicht einreden, dass Sie das Witterungsrisiko bzw. die Kosten für die Beheizung tragen müssten.

Arbeiten im Innenbereich sind auch im Winter bedingt durchführbar, wenn die Temperierung des Innenbereichs sichergestellt ist. Bitte darauf achten, dass nur elektrische Heizgebläse verwendet werden und nicht die bei den Bauhandwerkern so beliebten Gasheizer. Hintergrund: Je Kilogramm Gas, das verbrannt wird, entsteht ein Liter Wasser, d.h. es entsteht ein zusätzlicher Liter Wasser (= 1 870 ℓ Wasserdampf) in einem ohnehin schon hoch durchfeuchteten Kleinklima. Ein Gasverbrauch von bis zu 10 kg ist für einen Baustellentag durchaus als gegeben anzunehmen.

Die elektrische Bauheizung muss 24/7, also ununterbrochen durchlaufen – dabei sollte lieber eine konstante Temperatur von 16 °C über 24 Stunden gehalten werden, als dass der Baukörper am Tag aufgeheizt wird und in der Nacht auskühlen kann. Die Temperaturerhaltung gilt insbesondere dann, wenn die Wasser- und Heizungsleitungen mit Wasser befüllt wurden. Dann darf die Temperatur im Gebäudeinneren nicht mehr für längere Zeit unter 0 °C absinken, da es sonst zu Frostschäden an den Leitungen und -armaturen kommen kann und der Wasserschaden schon programmiert ist.

**202**

Winterzeit ist aber auch eine Zeit, in der eine Baustelle durch eine geschickte Anpassung von Beheizung und Belüftung weitgehend ausgetrocknet werden kann. Wird dem Gebäudeinneren durch Stoßlüftung kalte Außenluft zugeführt, die dann über Beheizung erwärmt wird, kann diese sehr viel Feuchtigkeit aufnehmen. Die Luft erhält die Feuchtigkeit von den Oberflächen der Bauteile, auf die sie trifft. Werden nach dem Luftaustausch die Fenster für mehrere Stunden wieder geschlossen, hat die Luft die Zeit und Gelegenheit warm zu werden und Feuchtigkeit aufzunehmen, die beim nächsten Lüftungsvorgang nach draußen abgeführt wird. Diese Methode ist – mit System ausgeführt – sehr effektiv.

Besuchen Sie Ihre Baustelle auch im Winter regelmäßig und führen Sie das Bautagebuch sehr konsequent weiter. Die maßgebenden Kenngrößen sind jetzt die Lufttemperatur außen und die Raumlufttemperatur und die Raumluftfeuchte innen. Diese Werte sollten Sie im »Bauherrlichen Bautagebuch« notieren!

Ebenso sollte – wie gehabt – dokumentiert werden, wer auf der Baustelle anwesend ist und was diese Personen dort machen sowie was sich gegenüber dem letzten Baustellenbesuch verändert hat. Fotografieren Sie weiterhin, wie oben beschrieben.

## 14.6 Bauen bei hohen Temperaturen

Bauen bei hohen sommerlichen Temperaturen und intensiver Sonneneinstrahlung ist nicht nur für Bauausführende ein Problem, sondern auch für
hydraulisch abbindende Baustoffe. Diese werden oberflächlich so stark aufgeheizt, dass das zur Abbindereaktion erforderliche Wasser zu schnell verdunstet und die Erhärtungsreaktion zum Erliegen kommt. Oder es kommt
zum schlagartigen Substanzverlust und es bilden sich Schwindrisse. Um diese
Rissbildung zu vermeiden, sind ergänzende Schutzmaßnahmen zu treffen.
So werden Betonbodenplatten und -decken nach dem Betonieren mit Folie
abgedeckt und oder regelmäßig bewässert.

Mit dem Fassadenputz beginnt der kluge Putzer morgens im Westen (dort
kommt die Sonne erst am Abend hin) und arbeitet sich über den Tag über
die Nord- und Ostseite zur Südseite hin. Ergänzend werden feinmaschige
Schutznetze angebracht, um die direkte Sonneneinstrahlung zu reduzieren.

## 14.7 Luftdicht Bauen

Bitte vergessen Sie die negativen Assoziationen, die beim Lesen des Begriffs
»luftdicht« in Ihnen aufsteigen. Die Anforderungen an die bauliche Luftdichtheit Ihres Hauses führen nicht zu Atemnot oder Erstickungsanfällen.

Die politische Begründung lautet: Luftdicht bauen, um Lüftungswärmever-
luste zu vermeiden; die sehr viel näher liegende, bautechnische Begründung
lautet schlichtweg: Vermeiden von Feuchteeinträgen in Bereichen, die durch
diese Feuchte geschädigt werden können. Hierbei handelt es sich um Bauteile,
die in ihren tragenden Strukturen aus Holz oder Holzwerkstoffen bestehen.
Die hölzernen Bauteile können durch Befeuchtung indirekt geschädigt werden. Ebenso kann die Dämmwirkung von wärmedämmenden Bauteilen
durch Feuchteeinwirkung negativ beeinflusst werden. Dies ist zum Beispiel
bei allen gedämmten Holzkonstruktionen der Fall. Wird Holz über längere Zeit
befeuchtet, können sich holzschädigende Pilze und/oder Insekten ansiedeln.
Ein Tatbestand, der sehr schnell zu einer Reduzierung der Tragfähigkeit der
befallenen Hölzer führt und langfristig die Standsicherheit gefährden könnte.
Schimmelpilzwachstum auf Holz ist zwar unangenehm, schadet aber dem
Holz selbst nicht.

**204**

Werden Wärmedämmstoffe feucht, verlieren sie erheblich an Dämmwirkung. Demzufolge sinkt die Oberflächentemperatur auf der Rauminnenseite punktuell ab. Die Temperatur kann dabei soweit absinken, dass es zu Kondensat in den oberen Bauteilschichten kommt. Schimmelpilzwachstum auf der Raumseite ist die sich zwangsläufig einstellende Folge.

In der Diskussion um luftdichtes Bauen werden in der Regel zwei Zahlen genannt werden: 1,5 und 3,0. Hinter diesen Zahlen, auch als n50-Wert bezeichnet, verbirgt sich die sogenannte Luftwechselrate für Häuser mit Lüftungsanlage (1,5 [1/h]) und für Häuser ohne Lüftungsanlage (3,0 [1/h]). Dieser n50-Wert beschreibt das Verhältnis zwischen dem Innenraumvolumen Ihres Hauses und der transportierten Luftmenge, die beim Blower-Door-Test rechnerisch ermittelt wurde. Diese Werte werden Ihnen von den meisten Leuten, die damit befasst sind, als der Maßstab für die Luftdichtheit verkauft.

**Dem ist nicht so!**

Die Luftdichtheit der Gebäudehülle ist eine elementare Forderung der Energieeinsparverordnung (EnEV). Dort ist definiert, was »luftdicht« eigentlich bedeutet. Zitat aus § 6 Absatz 1 Satz 1 EnEV:

*»Zu errichtende Gebäude sind so auszuführen, dass die wärmeübertragende Umfassungsfläche einschließlich der Fugen dauerhaft luftundurchlässig entsprechend den anerkannten Regeln der Technik abgedichtet ist.«*

In dieser Formulierung finden Sie kein Wort und auch keine Wortkombination, die es erlauben würde, zu behaupten, dass ein bestimmtes Maß an Undichtigkeit zulässig wäre.

Gerade im Anschluss von Massivbauteilen (Mauerwerkswände, Betonbauteile) zu Holzkonstruktionen sind die Anschlüsse luftdicht auszuführen. Für Häuser in Holzbauart gelten besonders hohe Anforderungen an die Luftdichtheit, da Feuchteeinträge in Fugen oder Hohlräume zu schweren Schäden an der hölzernen Tragkonstruktion führen können. Dabei ist neben den Anschlüssen der Dampfsperrfolien untereinander ein besonderes Augenmerk auf die Hohlraumdosen der Elektroinstallation zu legen.

Es kann durchaus sinnvoll sein, in Teilbereichen mit vielen Elektroinstallationen oder Schrankbefestigungen (z.B. in der Küche) über eine gesonderte Installationsebene innerhalb der luftdichten Hülle nachzudenken.

## 14.8    Die Bauzeit

Als Bauzeit versteht man die Phase zwischen Beginn der Gründungsarbeiten, die je nach Baugrund auch mal als Sondergründung durchgeführt werden müssen, und der Bauabnahme bzw. -übergabe ggf. mit erforderlichen Nacharbeiten.

Diese Bauzeit bzw. ein verbindlicher Endtermin, ist nach der Novellierung des Baurechts bei Verträgen, die nach dem 01.01.2018 geschlossen werden, nunmehr zwingend anzugeben. Ist dies nicht möglich, dann zumindest ein Zeitraum. Das ist im neuen Verbrauchervertrag geregelt. Das gilt jedenfalls dann, wenn Sie selbst auf Ihrem Grundstück bauen.

Beliebte Klauseln, wie Schlechtwettertage und Trocknungszeiten, verlängern die Bauzeit, kommen faktisch aber selten zum Tragen, auch wenn der bauausführende Unternehmer dies gerne behauptet. Jedem Bauausführenden ist klar, dass er nicht in der klimatisierten Werkhalle baut, sondern draußen auf der dem Wetter ausgesetzten Baustelle. Schlechtwettertage mit Regen und Frost sind dabei im gewissen Rahmen die Regel und bei der Ermittlung der Bauzeit einzuplanen. Das Gleiche gilt für die Trocknungszeiten. Auch diese sind vollumfänglich bei der Ermittlung der Bauzeit zu berücksichtigen.

### Der Bauzeitfalle entgehen

Unabhängig davon, dass seit dem 01.01.2018 zumindest ein Zeitraum für die Bauausführung zu vereinbaren ist, kommt es oftmals gegen Ende der Baumaßnahme zu einer zeitlichen Enge, wenn sich schon vorher die Bauzeit aus verschiedenen Gründen verändert hat. Das kann dazu führen, dass Sie dadurch unter Druck geraten, weil Sie z. B. Ihre bisherige Mietwohnung gekündigt haben. Diesen Zeitdruck macht sich so manches Mal Ihr Auftragnehmer zunutze. Mit diesem Druckmittel werden zum Teil sehr mängelbehaftete und unsauber ausgeführte Leistungen durchgedrückt. Eine Mängelbeseitigung würde ja Zeit kosten und die Bauzeit verlängern. Zuallererst einmal stellt man sich aber streitig und droht mit der Einstellung der Arbeiten und Sie können nicht einziehen. Eine perfide Strategie, die auf eines abzielt: Der Bauherr wird angesichts der Zeitfalle schon von selbst auf die Knie fallen und um Vergebung für sein Ansinnen bitten, eine vertragsgemäße Leistung erhalten zu wollen. Ihre Gegenstrategien: Schaffen Sie sich einen Zeitpuffer von mindestens einem Monat, besser von mehreren Monaten. Geben Sie diese Information nicht preis. Und schließen Sie eine Bauherrenrechtsschutzversicherung ab (weitere Informationen dazu finden Sie in KAPITEL 8.5 DIE BAUHERRENRECHTSSCHUTZVERSICHERUNG).

## 14.9 Trocknungszeiten

Für Häuser, die in Massivbauweise erstellt werden, werden mineralische Baustoffe verwendet. Soweit es sich dabei um andere Baustoffe als gebrannte Ziegel handelt, handelt es sich um sogenannte hydraulisch abbindende Baustoffe. Das bedeutet, dass diese Baustoffe reagieren und erhärten, weil ihre mineralischen Komponenten mit Wasser in Verbindung gebracht wurden. Dies gilt für alle Mörtel, Putze, Estriche und für Beton. Dieses hydraulische Abbinden geschieht auch bei Porenbeton- und Kalksandsteinmauerwerk. Damit die Erhärtungsreaktion vollständig stattfindet, wird diesen Baustoffen im Mischvorgang eine deutlich größere Menge Wasser zugegeben, als zur eigentlichen Reaktion erforderlich ist. Dieses Überschusswasser trocknet nach dem Erhärten der jeweiligen Baustoffe ab.

**Beispiel:**

» Wir reden über eine überschüssige Wassermenge von 70 bis 100 ℓ je m² Wohn- bzw. Nutzfläche.
» Das sind bei 100 m² Wohnfläche zwischen 7 000 und 10 000 ℓ Wasser.
» Berücksichtigt man, dass aus einem Liter Wasser (über den Daumen gepeilt) 1 870 ℓ Wasserdampf werden, reden wir über ein Wasserdampfvolumen von 9 600 bis 13 700 m³. Das ist in etwa das 20-fache des Bruttorauminhalts Ihres Hauses.

Dieser Trocknungsvorgang – letztendlich die Wasserabgabe an die Luft – erfolgt nur über die Verdunstung an den Bauteiloberflächen, die luftumspült sind. Die Abtrocknung von Baustoffen bzw. Bauteilen braucht Zeit – ähnlich wie das Trocknen feuchter Wäsche.

Wenn Sie ein nasses Handtuch im Bad hängen lassen, ohne nach dem Baden oder Duschen das Fenster geöffnet zu haben, dauert das Trocknen wesentlich länger, als wenn Sie dieses Handtuch über die Wäscheleine im Garten hängen und es von Sonne und Wind trocknen lassen.

Ähnlich ergeht es Ihnen beim Hausbau. Das unverputzte Mauerwerk, das im Zuge der Rohbauerstellung vom Regen durchnässt wurde, trocknet am besten, wenn es nach dem Aufrichten des Dachstuhls und dem Eindecken mit Dachziegeln vom Wind umspült abtrocknen kann. Daher wäre es günstig, wenn zwischen Abschluss der Dachdeckerarbeiten und dem Einbau der Fenster ein, zwei oder besser drei Wochen verstreichen könnten.

Auf trockenem Mauerwerk trocknet auch der Innenputz schneller ab. Denn dabei nimmt das trockene Mauerwerk einen Teil des überschüssigen Wassers auf (das natürlich später über Monate hinweg wieder abgegeben wird) und nur der verbleibende Rest muss über die raumseitige Oberfläche abgegeben werden. Dies erfolgt dann am schnellsten, wenn nach dem Abbindevorgang (dem Erhärten des Putzes, dauert ca. zwei bis drei Tage) der Bau ausreichend durchlüftet wird. Diese Durchlüftung ist wichtig bzw. unabdingbar, denn um das Bild des nassen Handtuchs noch einmal zu bemühen: Ein nasses Handtuch wird in einem Dampfbad nicht trocken, da die Luft dort drin so feuchtegesättigt ist, dass sie keine Feuchtigkeit mehr aufnehmen kann.

Als erforderliche Trocknungszeit für Putzmörtel rechnet man unter günstigen Bedingungen mit der Faustformel von einem Tag je Millimeter Putzdicke. Bei einer normgerechten Innenputzstärke von 10 bis 12 mm demnach 10 bis 12 Tage zuzüglich der drei Tage Abbindezeit, also knapp zwei Wochen. In den Wintermonaten sollte das Haus dabei über Elektroheizlüfter temperiert werden, auch wenn die Wärme durchs Fenster hinaus verpufft.

Der nächste heftige Feuchteeintrag, den das Haus erlebt, ist der Einbau des Estrichs. Fließestriche tragen dabei mehr Feuchte ins Haus ein als traditionell maschinengemischte erdfeuchte Estriche. Diese 5 bis 7 cm starken Betonschichten (bei Zementestrich) bzw. gipshaltigen Platten (bei Anhydritestrich) müssen den Ihnen mitgegebenen Wasserüberschuss nach dem ca. 3 bis 5 Tage dauernden Abbindevorgang (dem Erhärten) ebenfalls über die raumseitige Oberfläche abgeben. Das dauert je cm Estrichdicke etwa eine Woche (7 Tage) – günstige Trocknungsbedingungen (Durchlüftung) vorausgesetzt.

**208**

Unterstützen bzw. Beschleunigen kann man die Trocknung durch das Aufbrechen der glasartigen Sinterschicht (Abschleifen des Estrichs nach den ersten drei Wochen Trocknungszeit), die sich auf der Oberseite des Estrichs bildet. Das ist jedoch eine Zusatzleistung, die bezahlt werden muss! Beim Aufheizen des Estrichs (nur bei Fußbodenheizung erforderlich), das zum Ende der Trocknungsphase hin erfolgt, wird nochmals Wasser in größerer Menge frei.

Bringen wir es auf den Punkt: Bauteile und Baustoffe müssen abbinden und abtrocknen, Häuser müssen austrocknen können. Diese Trocknung kann, wenn die Bauzeit die erforderlichen Trocknungszeiten berücksichtigt, zu einem großen Teil noch in der Bauphase erfolgen. Dafür dauert es länger, bis Sie einziehen können. Werden diese Trocknungszeiten im Bauablaufplan nicht oder nur unzureichend berücksichtigt, findet das Trocknen zu einem ganz erheblichen Teil nach Ihrem Einzug statt. Diese Nutzungsphase nannte man früher das Trockenwohnen. Am Vorgang der Aus- und Abtrocknung selbst hat sich seither nichts geändert, nur nennen wir sie heute Erstbezug.

Bis ein Haus vollständig trocken ist, d.h. die gesamte überschüssige Feuchte aus den Bauteilschichten ausdiffundiert und an die Luft abgegeben wurde, dauert es mehrere Jahre. Je höher die Restfeuchte beim Einzug war, umso länger dauert das Trockenwohnen.

Wenn Sie die Bauzeit beeinflussen können, wägen Sie ab, was Ihnen wichtiger ist: die Einsparung von Bereitstellungszinsen und zwei bis drei zusätzlichen Monatsmieten oder der Einzug in ein weitgehend abgetrocknetes Eigenheim.

Grundsätzlich wäre dieses Abtrocknen der Bauteile durch Feuchteabgabe an die Raumluft unproblematisch, wäre da nicht die folgende Erkenntnis: Wo Wasser ist, da ist auch Leben. Dabei handelt es sich um mikroskopisch kleine Lebensformen, die wir als Schimmelpilze bezeichnen. Zu Schimmelpilzen und zum Umgang damit lesen Sie mehr im nachfolgenden Kapitel.

Nicht vergessen: Trocknungszeiten sind originärer Bestandteil der vertraglich vereinbarten Bauzeit. Fragen Sie daher am besten nach, welche Trocknungszeiten vorgesehen sind und lassen Sie sich diese erläutern.

## 14.10 Schimmelpilze und Algen

### 14.10.1 Schimmelpilzwachstum im Neubau

Schimmelpilze sind eine leidige Angelegenheit am und im Neubau. Schimmelpilzsporen sind ubiquitär, d. h. sie sind nahezu allgegenwärtig vertreten. Die Randbedingungen zum Schimmelpilzwachstum sind im Neubau als nahezu ideal zu bezeichnen. Diese Randbedingungen – ein ausreichendes Feuchteangebot (relative Luftfeuchten über 80 % oder ausreichend hohe Feuchtigkeit im Baustoff), ausreichende Temperaturen und Nährstoffgrundlage – sind auf allen Baustellen in Mitteleuropa idealerweise gegeben. Wo Wasser ist (davon gibt es in Neubauten reichlich), ist Leben.

Das typische zunächst kleinflächige Schimmelpilzwachstum in Neubauten ist kein Problem, sofern es frühzeitig erkannt, bekämpft und beseitigt wird. Es kommt darauf an, die Schimmelpilzmyzele möglichst vollständig zu entfernen. Auch Stockflecken ist Schimmelpilzwachstum! Hysterie und Panikmache sind hier fehl am Platz.

Problematisch wird es erst, wenn die Baubeteiligten das beginnende Schimmelpilzwachstum ignorieren und erst tätig werden, wenn ein großflächiger Befallstatus erreicht ist.

### 14.10.2 Schimmelpilzwachstum nach dem Einzug

Endlich ist der Einzug geschafft. Alles, was in Kartons und Kisten war, ist so ungefähr da, wo es hinsollte und ein Stück Normalität kehrt ein. Da fängt es an muffig nach Kartoffelkeller zu riechen. Nach dem Abrücken der Schränke wird das Ausmaß der Katastrophe dann sichtbar. Schimmelpilzbefall an den Schrankrückwänden, auf den Wandseiten der gerade vor Kurzem aufgehängten Bilder oder an den Polstern der neu gekauften Polstergarnitur – genau an den Stellen, wo diese an der Wand standen. Spätestens jetzt scheint der Zeitpunkt für aggressiv hysterische Ausbrüche gekommen und man überlegt sich, sich und sein Katastrophenbauvorhaben bei diversen Privatsendern in Szene zu setzen.

Ruhe und einen kühlen Kopf bewahren, ist hier der beste Rat.

**210**

Sie erinnern sich: Wo Wasser ist, ist Leben. Und: Bauteile geben die ihnen innewohnende Feuchte über die Bauteiloberfläche an die Raumluft ab. Dort an der Bauteiloberfläche verdunstet sie, d.h. sie wird abgeführt und von der Luft aufgenommen. Den Wänden und den Baustoffen, aus denen sie bestehen, ist es egal, ob unmittelbar davor ein Schrank aufgebaut oder ein Bild aufgehängt wurde. Die Feuchtigkeit in den oberen Bauteilschichten wird abgegeben, solange die Luft sie aufnehmen kann. Und die Luft kann, denn sie hat nur wenige Millimeter entfernt eine andere Oberfläche, die gerne und begierig Wassermoleküle an sich bindet, die Schrankrückwand oder das Leinen der Bilderrückwand. Ist diese erst so richtig angefeuchtet, bietet sie Schimmelpilzsporen eine optimale Wachstumsgrundlage.

Das unschädliche Abführen der feuchten Luft geht natürlich nur, wenn ausreichend Luft vor den Bauteiloberflächen vorhanden ist und die Luft ungehindert zirkulieren kann. Möbel sollten daher mit ausreichend Abstand vor der Wand – mindestens 5, besser 10 cm Abstand – aufgestellt werden. Dann ist der Luftaustausch sichergestellt. Bei Bildern tut man gut daran, mehrere kleine Plastiknoppen auf die Wandseite des Rahmens zu kleben, sodass ein 1 bis 2 mm breiter Luftspalt bleibt, der die Hinterlüftung sicherstellt. Bei großen Bildern darf es gerne auch etwas mehr Wandabstand sein. Zu viel Wandabstand schadet nicht, zu wenig schon. Wer warten kann, sollte die Holzsockelleiste erst montieren, wenn das »Trockenwohnen« abgeschlossen wurde.

Lüften und Heizen in den ersten beiden Wintern trägt sehr dazu bei, die Feuchtebelastung des Hauses zu senken, sodass die Bauteile und oberflächennahen Schichten schnell abtrocknen können. Halten Sie darüber hinaus auch die Türen zwischen weniger bis gar nicht beheizten Räumen bzw. zum Bad oder Duschbad konsequent geschlossen und führen Sie die Feuchte gezielt nach draußen ab. Damit haben Sie schon viel für die Prävention gegen Schimmelpilzwachstum getan.

Und wenn doch mal kleine Myzelstellen entstehen: Mit reinem 80%igen Alkohol (aus der Apotheke) können Schimmelpilze durch mehrfaches Aufsprühen abgetötet werden und mit breiten Klebefilmstreifen können die Myzelien (nachdem der Alkohol abgetrocknet ist) überklebt und abgezogen werden. Damit ist im Hinblick auf die Myzelentfernung schon viel erreicht. Und das Beste: Es ist eine Low-budget-Lösung.

## 14.10.3 Algenwachstum auf Fassaden

Algen sind uralte ein- oder mehrzellige Lebewesen. Sie betreiben ihren Stoffwechsel als Photosynthese, sind also auf Licht angewiesen. Ansonsten benötigen sie in erster Linie Wasser und Nährstoffe. Wasser finden sie auf Oberflächen mit Tauwasseraufschlag, beregneten Fassaden und auf Fassaden, die von innen her mit feuchtehaltiger Warmluft beaufschlagt sind (im Übrigen ein Indiz für Luftdichtheitsmangel). Als Nährstoff dient alles, was sich über Photosynthese verstoffwechseln lässt.

Noch zu Zeiten des sauren Regens war Algenwachstum auf Bauteiloberflächen kein Problem, aber mit der Verbesserung der Luftreinhaltung und der Außenluftqualität kamen die Algen als ungeliebte Begleiterscheinung zurück. Zuerst traten sie auf gedämmten Putzfassaden (Wärmedämmverbundsystem, WDVS) in Erscheinung, später dann auch auf traditionell geputzten Fassaden. Um dieses ungewollte Vergrünen der Fassaden zu vermeiden, versetzten die Putzhersteller ihre Produkte mit algiziden und bioziden Zusätzen. Diese verhindern den Algenbefall in den ersten Jahren tatsächlich, allerdings waschen sich diese Stoffe aus und konzentrieren im Baugrund vor der Fassade auf. Letztlich handelt es sich dabei um toxisch wirkende Stoffe, die mit dem Ziel eingesetzt werden, organische Lebensformen zu vernichten. Es sind Gifte. Haben sich die Stoffe dann ausgewaschen, wachsen die Algen wieder.

Ein weiterer Ansatz waren die Fassaden mit dem selbstreinigenden Lotuseffekt, die auf dem Einsatz von Nanotechnologie basiert. Leider zeigte sich gerade bei diesen Fassaden ein verstärktes Algenwachstum. Bei näherer Untersuchung zeigte sich, dass die großen Tropfen zwar zügig an der Fassadenoberfläche abliefen, aber eine Unzahl mikroskopisch kleiner Wassertröpfchen zurückbleibt. Wasser in kleinsten Mengen reicht für den Feuchtigkeitsbedarf der Algen.

Ein erfolgversprechender Ansatz ist es, Putze und Anstriche zu verwenden, die das Wasser absorbieren und es in der Folge über die Zeit durch Diffusion und Verdunstung wieder abgeben – getreu dem Motto: Was trocken bleibt, bleibt algenfrei.

# 15 Fehler bei der Bauausführung

Der durchschnittliche Neubau hat zum Zeitpunkt der Abnahme ein beträchtliches Baumängelpotenzial, das nach dem aktuellsten Bauschadensbericht der Bundesregierung mit Geld bewertet in mittlerer fünfstelliger Höhe liegt. Die Gründe dafür sind vielfältig.

Jeder, der arbeitet, macht auch Fehler – das sei auch den Arbeitern auf den Baustellen unbenommen. Wenn diese Fehler aber zu Mängelbeseitigungskosten in vier- und fünfstelliger Höhe führen, wird das für Sie als Hauseigentümer möglicherweise existenzbedrohend. Diese gilt es zu vermeiden bzw. frühzeitig zu erkennen, damit sie so kostengünstig wie möglich behoben werden können. Hierbei geht es in erster Linie um Ausführungsfehler bzw. Baumängel, die

) die Standsicherheit von Geländeabböschungen auf dem eigenen Grundstück gefährden,
) den Rückstau aus dem öffentlichen Kanal nicht verhindern,
) die Standsicherheit des Gebäudes gefährden oder langfristig dazu führen, dass diese gefährdet ist,
) zum Feuchteeintritt in den Keller und oder das Erdgeschoss führen,
) zum konvektiven (luftströmungsbedingten) Feuchteeintrag in gedämmte Holzkonstruktionen führen,
) zum Wassereintrag in Fußboden- und Wandaufbauten führen,
) die planmäßige Grundstücksentwässerung gefährden,
) die Brandschutzmaßnahmen betreffen,
) die Schallentkoppelung betreffen

und viele andere mehr.

Die vorgestellte Liste beschränkt sich bewusst auf Mangelszenarien, die nur mit großem Kapitaleinsatz wieder saniert werden können.

Klar, Sie haben so etwas wie Gewährleistung und/oder Garantie. Das hilft Ihnen aber nicht viel, wenn der Mangelfall eintritt und Sie mit dem ausführenden Baupartner um die Mängelbeseitigung streiten müssen. Das beschäftigt dann Rechtsanwälte, Gutachter und Gerichte, kostet Sie jede Menge Geld und Nerven und erzeugt Dokumente, Gutachten, die den mangelhaften Zustand Ihres Hauses hoch offiziell dokumentieren. Damit ist aber der Mangel noch nicht beseitigt und ob und mit welchem Aufwand dieser überhaupt noch beseitigt werden kann, ist oftmals fraglich. So manches Mal wird die Mangelursache auch gar nicht gefunden. Dann stellt sich umso mehr die Frage, wer dafür verantwortlich ist. Es kommt auch vor, dass das ausführende Unternehmen dann insolvent ist und Sie zwar Recht erhalten haben, dass diese mangelhaft geleistet haben, es Ihnen jedoch wenig hilft, da Sie die Kosten für die Mängelbeseitigung tragen müssen.

Ein weiterer eklatanter Nachteil dabei ist: Sie dürfen, sollten Sie eines Tages verkaufen wollen oder verkaufen müssen, die Gutachten nicht verschweigen, sondern müssen sie in der Verkaufsverhandlung, ggf. sogar gegenüber potenziellen Kaufinteressenten offenlegen. Auf einen Schlag ist die Immobilie dann mehrere Tausend bis Zehntausend Euro weniger wert; das nennt sich merkantile Wertminderung. Sie sollten lieber vorher im Zuge der Erstellung auf die Früherkennung von Mängeln und deren Beseitigung im Rahmen der Bauzeit setzen, als hinterher darum zu streiten.

## Mauerwerksdurchfeuchtung vermeiden!

Ein sehr gravierender immer wieder auftauchender Mangelpunkt ist die Durchfeuchtung von Wänden während der Bauzeit. Der Bauunternehmer, der den Rohbau errichtet, und auch der Generalunternehmer, der diesen beauftragt hat, sind verpflichtet, die Bauleistung vor schädigender Beaufschlagung durch Tauwasser (Regen und anderer Niederschlag) zu schützen. Durch Anlegen einer Dichtkehle mit mineralischen Dichtungsschlämmen im Boden- bzw. Wandanschluss und lagegesichertes Abdecken der Mauerkronen zum Tagesende wird da viel erreicht. Mauerwerkswände können auch mal nass werden, sie dürfen aber nicht durchfeuchten.

Gerade ein hochdämmendes monolithisches Mauerwerk verliert bei Durchfeuchtung einen großen Teil seiner Dämmwirkung. Die aktuellen Neuentwicklungen mit gefüllten Ziegeln oder hochdämmendem Porenbeton brauchen, sind sie erst einmal durchfeuchtet, äußerst lange, um wieder trocken zu werden. Es ist nicht die Aufgabe des Bauherrn, ein »abgesoffenes« Außenmauerwerk trocken zu wohnen. Der Einsatz von Trocknungsgeräten schafft nur zeitlich befristete Abhilfe, denn die in die Steinstrukturen eingedrungene Feuchtigkeit drückt aus dem Mauerwerksinneren nach. Schimmelpilzwachstum auf Bauteiloberflächen und angrenzenden Möbeln ist die zwangsläufige Folge.

Unter Umständen kann die Verweigerung der Abnahme bei nachgewiesener Durchfeuchtung des Mauerwerks (Fotodokumentation) sinnvoll sein. Wer will schon jahrelang mit einer Möblierung wohnen, die zum Schutz vor Schimmelpilzbefall in der Raummitte aufgestellt wurde?

## Mängelrechte vor Abnahme

Wir bewegen uns derzeit noch vor der Abnahme. Mit der Abnahme erklären Sie als Bauherr, dass Sie die Werkleistung als im Wesentlichen vertragsgemäß annehmen (§ 640 BGB).

Im Werkvertragsrecht des BGB selbst sind Mängelrechte vor der Abnahme nicht geregelt. Sie haben allenfalls ein Recht auf Rücktritt vom Vertrag wegen nicht vertragsgemäßer Erfüllung oder ein Zurückbehaltungsrecht hinsichtlich der Vergütung in Höhe des Werts der nicht erbrachten Leistung. Ebenso kann Ihnen auch unter bestimmten Bedingungen ein Schadensersatzanspruch zustehen.

Was Sie allerdings nicht dürfen, ist eine Mängelbeseitigung zulasten des ausführenden Unternehmens, d. h. eine Mängelbeseitigungsaufforderung mit Fristsetzung versenden und dann bei nicht fristgemäßer Mängelbeseitigung den Mangel zulasten dieses ausführenden Unternehmens beseitigen lassen. **Das jedenfalls nicht vor der Abnahme.** Natürlich können Sie den Mangel beseitigen lassen, allerdings haben Sie meistens keinen Anspruch auf Erstattung der Kosten, die Ihnen aufgrund der Mängelbeseitigung durch einen Dritten angefallen sind. Darüber hinaus haben Sie weitere Schnittstellen geschaffen, weil nun ein anderer quasi in das Gewerk von jenem »hineingepfuscht« hat, der mangelhaft geleistet hat.

**218**

Auch im neuen Bauvertragsrecht des BGB ist dieses nach wie vor nicht anders geregelt. Es bleibt wie bisher.

Sie können aber vertraglich vereinbaren, dass Ihnen ein solches Recht bereits vor der Abnahme zusteht. Sollten Sie als allgemeine Geschäftsbedingungen die VOB Teil B vereinbart haben, gibt Ihnen § 4 Abs. 7 VOB/B Möglichkeiten, den Ersatz des mangelhaften Werks durch ein mangelfreies Werk zu fordern und damit die Mängelbeseitigung schon vor der Abnahme durchzusetzen. Sie können unter bestimmten Umständen den Vertrag kündigen und die Restleistungen zulasten des ausführenden Unternehmens ausführen lassen. Ähnliches können Sie vertraglich vereinbaren. Sie sollten hierfür einen Juristen aufsuchen.

Ohne weitere Vereinbarung dürfen Sie allerdings die Fertigstellung einfordern und gleichzeitig den Geldbetrag zurückhalten, der für die Fertigstellung notwendig ist.

Überlegen Sie auch, ob ggf. eine Vertragskündigung aus wichtigem Grund in Betracht kommt. Dass dies möglich ist, ist schon lange rechtlich anerkannt. Nunmehr wird sich eine solche Möglichkeit auch im Gesetz finden, und zwar unter § 648a BGB für alle nach dem 01.01.2018 geschlossenen Werkverträge.

Sollten Sie (Wohnungs-)Eigentum von einem Bauträger gekauft haben, so darf in den Bauträgerverträgen grundsätzlich nicht die VOB/B als Ganzes als allgemeine Geschäftsbedingung vereinbart werden. Gegebenenfalls können einzelne Klauseln oder ähnliche Klauseln in einem solchen Vertrag vereinbart werden. Mängelrechte vor Abnahme gibt es dort allerdings grundsätzlich nicht. Denn es handelt sich um eine Mischung von Kauf- und Werkvertrag. Sie sollten daher jedoch wissen, dass Sie grundsätzlich bei Vorliegen von Mängeln vom Vertrag insgesamt zurücktreten können, wodurch der gesamte Vertrag zurückabgewickelt würde. Sie würden dann kein Eigentum erwerben. Erst nach der Abnahme sind Mängelrechte wie Ersatzvornahmeleistungen möglich.

# 16 Abnahme und Gewährleistung

# 16.1 Die Abnahme

Die Abnahme ist ein Meilenstein im Bauablauf. Sie ist bei Werkverträgen wie auch bei Bauträgerverträgen obligatorisch. Mit der Erklärung der Abnahme erkennen Sie als Auftraggeber, als Bauherr, das Werk oder die erbrachte Bauleistung als im Wesentlichen vertragsgemäß an. Einschränkungen wegen vorhandener und bekannter Mängel können und müssen im Rahmen der Abnahme geltend gemacht werden. Die Abnahme kann nur wegen wesentlicher Mängel, die die Nutzbarkeit nachhaltig beeinträchtigen, verweigert werden.

Um es zu verdeutlichen: Die Abnahme ist eine einseitige, empfangsbedürftige Willenserklärung. Sie als Bauherr erklären die Abnahme. Ihr Auftragnehmer (sei es der Planer oder das ausführende Unternehmen) muss dazu nichts erklären. Sie können zwar jemanden damit bevollmächtigen, dass dieser die Abnahme für Sie erklärt, aber das sollten Sie sich gut überlegen. Die Abnahme ist im Werkvertragsrecht auch eine sogenannte Hauptpflicht, das bedeutet, dass Sie auf Erklärung der Abnahme verklagt werden können.

Die Abnahme ist wichtig, da an die Abnahme verschiedene rechtliche Folgen geknüpft sind. Zum einen wird die Beweislast umgekehrt. Das bedeutet, dass Ihr Auftragnehmer (Planer, ausführendes Unternehmen oder beauftragter Bauleiter) bis zur Abnahme die Mangelfreiheit der erbrachten Leistungen beweisen muss. Nach der Abnahme müssen Sie als Auftraggeber und Bauherr beweisen, dass ein Mangel vorliegt, der Ihrem Auftragnehmer auch zuzurechnen ist.

Darüber hinaus bedeutet die Abnahme auch der Gefahrübergang. Damit tragen Sie ab dem Abnahmezeitpunkt das Risiko des zufälligen Untergangs. Ein klassisches Beispiel dafür ist, wenn der Blitz in das Haus einschlägt und es abbrennt. Vor der Abnahme trägt das ausführende Unternehmen dieses Risiko. Das Unternehmen muss das Haus auf seine Kosten wiederherstellen; mit der Abnahme geht dieses Risiko auf Sie über. Daher ist es wichtig, dass die Gebäudeversicherung rechtzeitig abgeschlossen wird.

**222**

Des Weiteren tragen Sie ab Abnahme die Verkehrssicherungspflicht. Sie sind nach der Abnahme für etwaige Unfälle, die in Ihrem Bereich passieren, verantwortlich.

Mit der Abnahme wird grundsätzlich auch die Vergütung fällig, sofern vertraglich keine andere Regelung getroffen worden ist. Ist z.b. die VOB/B vereinbart, setzt die Fälligkeit der Forderung auch noch die Stellung einer Schlussrechnung voraus. Für ab dem 01.01.2018 geschlossene Verbraucherbauverträge gilt als ergänzende Voraussetzung für die Fälligkeit der Vergütung, dass eine prüfbare Schlussrechnung vorliegt.

Ebenso enthält das Werkvertragsrecht für alle Verträge, die ab dem 01.01.2018 geschlossen wurden, eine neue Regelung für die sogenannte fiktive Abnahme. Das ist eine Abnahmeform, bei der Sie die Abnahme nicht erklären – auch nicht durch schlüssiges Verhalten –, man Sie aber so behandelt, als hätten Sie diese erklärt. Das kann dann der Fall sein, wenn Sie zur Abnahme innerhalb einer angemessenen Frist aufgefordert werden, aber die Abnahme nicht erklären. Bislang war es so, dass eine fiktive Abnahme nach dem BGB nur möglich war, wenn auch ein abnahmereifes Werk vorlag. Für ab dem 01.01.2018 geschlossene Verträge gilt die Abnahme als erklärt, wenn Sie auf die Abnahmeaufforderung nicht reagieren und nicht mindestens einen Mangel benennen, der die Abnahme verhindern soll. Sie als Verbraucher müssen von demjenigen, der die Abnahme von Ihnen verlangt, auf die Folgen der fiktiven Abnahme in Textform hingewiesen werden (neuer § 640 Abs. 2 BGB).

Zu unterscheiden ist die rechtsgeschäftliche Abnahme, wie sie hier beschrieben wurde, von der sogenannten behördlichen Abnahme. Die sogenannte behördliche Abnahme hat für Sie nur im Verhältnis zur Behörde Bedeutung. Denn diese behördlichen Abnahmen werden benötigt, damit Sie Ihr Haus nutzen dürfen. Im Verhältnis zu Ihrem ausführenden Unternehmer, dem Planer oder dem von Ihnen beauftragten Bauleiter hat dies keine Konsequenzen. Die behördliche Abnahme ist aber unter Umständen auch Voraussetzung dafür, dass durch Sie die rechtsgeschäftliche Abnahme erklärt werden kann. So kann es z.B. sinnvoll sein, dass der Brandschutz vorher von der Behörde abgenommen wurde.

Mit der Abnahme endet die Phase der Leistungserbringung, d.h. die Leistung muss zum Zeitpunkt der Abnahme nahezu vollständig erbracht sein. Es dürfen allenfalls nur noch wenige Restleistungen und unwesentliche

Mängel vorhanden sein. Ansonsten liegt keine Abnahmereife vor. Ist das nicht der Fall, kann maximal eine Teilabnahme erfolgen, durch die für den abgenommenen Teil die Rechtsfolgen wie bei der Gesamtabnahme eintreten. Ihr Auftragnehmer hat für die bis zum 31.12.2017 geschlossenen Verträge keinen Anspruch auf eine Teilabnahme, wenn sie nicht vertraglich vereinbart ist. Für ab dem 01.01.2018 geschlossene Verträge mit einem Architekten oder Ingenieur hat dieser nach dem BGB für seine Bauüberwachung einen Anspruch auf Teilabnahme seiner bis dort erbrachten Leistungen, wenn der bauausführende Unternehmer oder die Unternehmen ihre Bauleistungen abgeschlossen haben (§ 650s BGB neu).

Die gesamten Rechtsfolgen der Abnahme sind sehr umfassend und hochkomplex. Daher sollten Sie sich umfänglich auf die Abnahme vorbereiten. Vergleichen Sie das Leistungs-Soll (laut Vertrag) und das Leistungs-Ist (was gebaut wurde) und notieren Sie die Abweichungen, die Ihrer Meinung nach vorhanden sind. Verfolgen Sie die Abweichungen zurück: Einiges beruht auf vertraglich vereinbarten Leistungsänderungen/Sonderwünschen – dann entspricht das vielleicht dem Leistungs-Soll oder auch nicht –, anderes vielleicht auf Direktabsprachen mit den Handwerksfirmen. Alles andere sollten Sie in einer Liste für die Abnahme notieren.

Gehen Sie den gesamten Schriftwechsel und E-Mail-Verkehr nochmals durch. Was haben Sie über die Bauzeit beanstandet? Was haben Sie als Entschluss, Abänderung, Farb- oder Ausstattungswunsch formuliert? Wurde dem entsprochen? Wenn ja, kann es okay sein. Wenn nicht, machen Sie einen Eintrag in Ihre Liste für die Abnahme.

Haben Sie Beanstandungen hinsichtlich der erbrachten Leistungen, nehmen Sie einen Listeneintrag vor.

Wenn Sie Ihr Bauvorhaben oder auch nur die Bauabnahme durch einen Sachverständigen begleiten lassen, gehen Sie vor der Abnahme mit diesem durch das Haus, lassen Sie ihn einen eigenen Eindruck gewinnen und gehen Sie mit Ihm gemeinsam die von Ihnen erstellte Liste durch. Verifizieren Sie Ihre Beanstandungen.

Prüfen Sie, was vertraglich geregelt ist, ob und welche Unterlagen Ihnen zur Abnahme übergeben werden müssen. Prüfen Sie, ob Ihnen diese Unterlagen vorliegen, und dokumentieren Sie, ob diese Leistung mangelfrei erbracht wurde.

**224**

Zur Abnahme sollte das ausführende Unternehmen auch die gesamte Gebäudedokumentation übergeben. Das aber grundsätzlich nur, wenn es vertraglich vereinbart wurde oder die gesetzlichen Vorschriften dieses hergeben. Deshalb sollten Sie darauf achten, welche Dokumente Sie bei der Abnahme verlangen können. Das können ein, eher zwei oder mehrere dicke Aktenordner sein, die die kompletten technischen Unterlagen Ihres Hauses sowie Bedienungsanleitungen für die technischen Geräte etc. enthalten. Prüfen Sie die Dokumente anhand der Checkliste (siehe KAPITEL 7.1.9 DIE UNTERLAGEN ZU IHREM HAUSBAU) auf Vollständigkeit. Da Sie diese im Regelfall im Rahmen eines Abnahmetermins nicht komplett sichten können, sollten Sie sich diese entweder rechtzeitig vor der Abnahme vom Unternehmen vorlegen lassen, oder etwaige Mängel, die sich erst nach der Durchsicht der Aktenordner ergeben, im Abnahmeprotokoll vorbehalten. Das bedeutet, dass Sie diesen Teilbereich zunächst nicht abnehmen. Da jedoch diese Dokumentation in der Regel auch wiedergeben soll, was eingebaut wurde und Bedienungsanleitungen für die Haustechnik, Steuerungen und anderen Bauteilen enthalten sind, ist es wichtig, diese bereits bei der Abnahme genau überprüft zu haben. Lassen Sie sich nicht von dem Unternehmer unter Druck setzen. Sie nehmen ab, wenn die Leistung im Wesentlichen vertragsgemäß hergestellt ist. So sieht es das Gesetz vor.

Abnahmen können und sollten vorbereitet werden. Daher empfiehlt es sich, eine Begehung vor der Abnahme durchzuführen und die Mängel bereits aufzulisten sowie die Unterlagen anzufordern und sich übergeben zu lassen, die ebenso für die Abnahme der Leistung notwendig sind.

Bitte beachten Sie, dass oftmals erst bei der Abnahme der Streit entsteht, welche Unterlagen Ihnen vorliegen müssten. Bei einer entsprechenden Vertragsgestaltung sind diese genannt, daher empfehlen wir die vertragliche Vereinbarung mit Benennung der Unterlagen, um diesen oder auch darüber hinausgehenden weiteren Streit um den Umfang der Unterlagen zu vermeiden.

Für ab dem 01.01.2018 mit Verbrauchern geschlossene Bauverträge gilt grundsätzlich, dass der Unternehmer bzw. Auftragnehmer dem Besteller, Auftraggeber bzw. Bauherrn alle notwendigen Unterlagen und Informationen zur Verfügung zu stellen hat, die dieser gegenüber den zuständigen Behörden benötigt. Diese sollten spätestens bei Abnahme vorliegen. Was dies genau ist, hängt vom Einzelfall ab. Will man darüber bestimmte andere Unterlagen haben, sollte man dies auf jeden Fall vertraglich vereinbaren und ggf. auch mit einem Preis versehen.

Bei der Abnahme kann, muss aber nicht Ihr Auftragnehmer, d. h. das ausführende Unternehmen oder der Planer zugegen sein.

Oft ist jedoch in den Verträgen eine sogenannte förmliche Abnahme geregelt. Das bedeutet, dass gemeinsam ein Termin vor Ort stattfindet, die Leistungen geprüft und etwaige Mängel in einem Protokoll dokumentiert werden. Das Protokoll ist dann von beiden, d. h. von Ihnen und Ihrem Auftragnehmer zu unterzeichnen.

Ist keine besondere Form der Abnahme vereinbart worden, können Sie durch einfache Erklärung gegenüber Ihrem Auftragnehmer sein Werk, d. h. die Leistung abnehmen.

Auch kann eine Abnahme durch schlüssiges Verfahren erklärt werden. Dieses kann vorliegen, wenn Sie ohne Nennung von Mängeln gegenüber Ihrem ausführenden Unternehmer in das Haus einziehen.

Aufzupassen ist auch, wenn Sie Ihr Auftragnehmer auffordert, binnen einer bestimmten Frist das Werk bzw. die Leistung abzunehmen. Reagieren Sie hierauf nicht innerhalb der gesetzten Frist, so gilt das Werk bzw. die Leistung in der Regel als abgenommen mit sämtlichen Abnahmefolgen.

Haben Sie mit Ihrem ausführenden Unternehmer die VOB/B als Ganzes vereinbart, so ist die Stellung der Schlussrechnung eine sogenannte Fertigstellungsanzeige. Reagieren Sie auf diese nicht oder nicht innerhalb der in der VOB/B stehenden Fristen, so gilt das Werk bzw. die Leistung danach ebenso als angenommen.

Daher empfiehlt es sich, immer darauf zu reagieren und fehlende Restleistungen bzw. Mängel anzuzeigen. Auch sollten Sie ggf. formulieren, ob Sie die Abnahme erklären oder nicht.

Aufpassen sollte man grundsätzlich bei der sogenannten fiktiven Abnahme. Das ist eine Abnahme, bei der Sie als Auftraggeber aufgefordert werden, binnen einer angemessenen Frist das Werk abzunehmen. Bisher war nach dem BGB dazu Voraussetzung, dass das Werk abnahmereif ist. Für ab dem 01.01.2018 geschlossene Verträge ist dies nicht mehr erforderlich. Sie müssen aber einen Mangel gerügt haben. Ansonsten gilt das Bauwerk als abgenommen.

**226**

Allerdings muss der Unternehmer bzw. Auftragnehmer Sie als Verbraucher auf die Folgen des Schweigens nach Aufforderung zur Abnahme explizit hinweisen.

Liegen wesentliche Mängel vor, sollten Sie die Abnahme NICHT erklären. Prüfen Sie für diesen Fall das Abnahmeprotokoll, bevor Sie es unterschreiben, sehr genau darauf, dass die nicht erklärte Abnahme darin eindeutig zum Ausdruck kommt.

Die fehlende Dokumentation kann – sofern sie vertraglich vereinbart ist – unter Umständen auch einen wesentlichen Mangel darstellen.

Machen Sie während der Abnahme alle Punkte, die während der Bauzeit von Ihnen beanstandet wurden und die nicht beseitigt worden sind, als Mängel im Protokoll geltend und bestehen Sie darauf, dass diese Punkte ins Abnahmeprotokoll aufgenommen werden. Anderenfalls gelten diese Punkte als abgenommen.

Wird kein Protokoll erstellt, sollten Sie unbedingt sofort nach der Abnahmebegehung erklären, ob Sie abgenommen haben oder nicht und die aus Ihrer Sicht vorliegenden Mängel sowie Restleistungen darstellen. Sie sollten für die Beseitigung der Mängel bzw. die Erbringung der Restleistungen schon jetzt eine Frist setzen.

Sie sollten ggf. einen Sachverständigen für die Vorbereitung der Abnahme sowie für die eigentliche Abnahme hinzuziehen, sofern Sie dies für erforderlich halten. Haben Sie selber nicht das technische Know-how, so kann dies sinnvoll sein. Achten Sie jedoch darauf, dass Sie jemanden wählen, der die wesentlichen Mängel von den unwesentlichen leicht unterscheiden kann und weiß, wann er ggf. einen weiteren Fachmann hinzuziehen sollte. Eine Abnahme bzw. Übergabe sollte auf jeden Fall vorbereitet sein.

Wurde im Bauvertrag eine Vertragsstrafe vereinbart, müssen Sie sich die Geltendmachung bei der Abnahme ausdrücklich vorbehalten, wenn sie sie geltend machen wollen. Dieser Vertragsstrafenvorbehalt sollte im Abnahmeprotokoll dokumentiert sein. Wird die Geltendmachung der Vertragsstrafe nicht bei der Abnahme vorbehalten, kann sie später nicht mehr geltend gemacht werden; sie ist verwirkt.

Üblicherweise planen Generalunternehmer und Bauträger mit Zeitfenstern von 1,5 bis 2 Stunden für eine Abnahme. Spätestens nach zwei Dritteln der Zeit beginnt Ihr Gegenüber mit Blicken auf die Uhr darzulegen, dass der Folgetermin unmittelbar ansteht. Lassen Sie sich vom Vertreter Ihres Vertragspartners nicht unter Druck setzen. Eine Abnahme dauert so lange, wie sie eben dauert. Wenn viele Beanstandungspunkte auftreten und/oder lang andauernde Diskussionen entstehen, weil der Vertreter diese Punkte nicht im Protokoll sehen will, dann dauert es eben länger, als es das eingeplante Zeitfenster hergibt.

> Eine Abnahme dauert so lange, wie sie eben dauert, lassen Sie sich nicht unter Druck setzen! Viele Beanstandungspunkte und viel Diskussionsbedarf bringen einen hohen Zeitaufwand mit sich.

Bevor Sie das Abnahmeprotokoll unterschreiben, lesen Sie es in aller Ruhe durch. Prüfen Sie das Protokoll auf Vollständigkeit. Das Protokoll muss lesbar geschrieben sein. Wenn Sie die handschriftlichen Eintragungen nicht lesen können, muss es nochmals lesbar geschrieben werden. Das Abnahmeprotokoll ist ein Vertragsdokument. Es sollte dieser Eigenschaft auch hinsichtlich der Lesbarkeit entsprechen. Ihnen steht ein Exemplar des Abnahmeprotokolls zu. Die Verwendung von Durchschreibesätzen oder Blaupapiereinlagen ist leider stark rückläufig und kommen nur noch äußerst selten zum Einsatz. Der Hinweis, dass das Protokoll im Büro des Bauunternehmers/Bauträgers kopiert und Ihnen per E-Mail zugesandt wird, ist aber auch unbefriedigend. Fotografieren Sie in so einem Fall zur eigenen Sicherheit jede einzelne Protokollseite ab, bevor Sie sie aus der Hand geben.

Für den Fall, dass Sie einen Planer oder einen Bauleiter beauftragt haben, so sind deren Leistungen ebenso abzunehmen. Denn bei deren Leistungen handelt es sich klassischerweise auch um werkvertragliche Leistungen. Beachten Sie, dass ein Planer Ihnen auch seine Planungen zu übergeben hat sowie sämtliche sonstige Leistungsnachweise für die Erbringung seiner Leistungen.

Wenn Ihr Planer oder Bauleiter eine Abnahme der erbrachten Planungs- bzw. Bauleitungsleistungen wünscht, steht ihm eine derartige Abnahme zu. Das Abnahmeverlangen muss Ihnen gegenüber jedoch eindeutig und am besten in Schriftform erfolgen.

Kommen Sie diesem Abnahmeverlangen nicht nach, tritt nach einer gewissen Zeitspanne die Abnahmefiktion ein. Sie tun daher gut daran, sich mit diesem Abnahmeverlangen auseinanderzusetzen und, wenn erforderlich, mindestens eine Beanstandung vorzubringen. Seitens desjenigen, der die Abnahme verlangt, besteht eine diesbezügliche Hinweispflicht gegenüber privaten Verbrauchern.

**Achtung**: Wenn Sie von Ihrem Planer oder Bauleiter eine als Schlussrechnung deklarierte Rechnung erhalten und anstandslos zahlen, kann diese als konkludente Abnahme angesehen werden. Private Verbraucher sind auf diesen Sachverhalt ausdrücklich hinzuweisen.

Wird die Abnahme nicht eingefordert und auch nicht durch konkludentes Handeln herbeigeführt, tritt sie niemals ein.

Sollten Sie eine Eigentumswohnung, die noch erstellt wird oder vor Kurzem erstellt worden ist, von einem Bauträger erworben haben, so bedarf es auch einer Abnahme. Es kann sein, dass diese im Vertrag als »Übergabe« bezeichnet worden ist. Die Wirkungen sind identisch. Ebenso kann es sein, dass das Sondereigentum (Ihre Wohnung und die dazugehörenden Nebenräume) und das Gemeinschaftseigentum getrennt voneinander abzunehmen sind. Beachten Sie, dass Sie als Käufer bzw. Erwerber grundsätzlich nur selbst die Abnahme erklären können. Sollten Sachverständige diese nach dem Kaufvertrag für Sie durchführen dürfen, so ist eine solche Regelung nach derzeitiger ständiger Rechtsprechung nur in Ausnahmefällen wirksam.

## 16.2    Die Gewährleistungsfrist

Die Gewährleistungsfrist ist eine im Werkvertragsrecht und auch im Kaufvertragsrecht festgeschriebene Zeitspanne, in der auftretende Mängel an der Bauleistung zulasten des bauausführenden Vertragspartners behoben werden müssen.

Die Gewährleistungszeit bedeutet, dass Sie innerhalb dieser Zeit etwaige Mängel rügen müssen. Sie sollten zur Mängelbeseitigung mit Fristsetzung auffordern. Läuft diese Frist fruchtlos ab, dürfen Sie zulasten des ausführenden Unternehmens den Mangel von einem Dritten beseitigen lassen (§ 635 BGB). Das ist sowohl im BGB vorgesehen als auch ähnlich in der VOB Teil B.

Bei jeder Mängelbeseitigungsaufforderung sollten Sie sich jedoch sicher sein, dass es sich um einen Mangel handelt. Aus diesem Grunde kann es empfehlenswert sein, einen Sachverständigen hinzuzuziehen.

Die Beweislast, dass es sich bei den beanstandeten Punkten tatsächlich um einen Mangel handelt, obliegt nach der (rechtsgeschäftlichen) Abnahme Ihnen. In vielen Verträgen und in Baubeschreibungen sind Sachverhalte formuliert, die – im Falle, dass sie auftreten – keine Mängel darstellen. Diese Auflistungen sind nur bedingt richtig und sollten, wenn sich die dort genannten Sachverhalte ausprägen, hinterfragt werden. Nur weil irgendwo eine Behauptung steht, ist das noch lange keine Begründung für einen »Nichtmangel«.

In den letzten Jahren finden sich in den Baubeschreibungen immer wieder Angaben zum Schallschutz. Das, was dann in der Baubeschreibung steht, kann durchaus als das vertraglich Geschuldete angesehen werden und ist immer Maßstab für die Frage, ob ein Mangel (Abweichung von der vertraglich vereinbarten Beschaffenheit) vorliegt.

Wenn haustechnische Anlagen nicht so funktionieren, wie Sie das erwarten, z.B. werden einzelne Zimmer nicht so warm, wie Sie das gerne hätten, dann schreiben Sie eine Mängelrüge an Ihren Vertragspartner. Diese sollte dann auch in der Betreffzeile den Begriff **Mängelrüge** beinhalten. Beschreiben Sie

**230**

den Sachverhalt, den Sie rügen, möglichst deutlich mit den entsprechenden Angaben zum Raum, in dem dieser auftritt, wie er sich ausprägt und wann er aufgetreten ist. Fügen Sie möglichst aussagekräftige Fotos bei, aus denen eine Lokalisierung möglich ist. Beschreiben Sie, wie der Mangel in Erscheinung tritt. Ein seriöser Hausbaupartner wird sich zeitnah bei Ihnen melden, ggf. wird der Bauleiter oder ein Mitarbeiter vorbeikommen und den Sachverhalt in Augenschein nehmen. Stellt es sich heraus, dass es sich nicht um einen Mangel handelt, könnte diese Anfahrt kostenpflichtig werden. Grundsätzlich hängt die Frage, wer die Mangeluntersuchung bezahlen muss, davon ab, ob ein Mangel vorliegt oder nicht. Wie kulant Ihre Hausbaupartner sein sollen, ist nicht vorgeschrieben.

Wenn Sie mit dem Gedanken spielen, eine Bauherrenrechtschutzversicherung abzuschließen, schließen Sie die Gewährleistungsfrist auf alle Fälle mit ein!

Neigt sich die Gewährleistungsfrist dem Ende zu, empfiehlt es sich, einen abschließenden Durchgang zu machen, um aufgetretene Mängel zu erkennen und noch innerhalb der Gewährleistungsfrist zu rügen. Ziehen Sie dazu einen Bausachverständigen heran. Das schließt über die Nutzungsdauer eingetretene Betriebsblindheiten aus.

Für die gerügten Mängel beginnt nach Beseitigung **keine** erneute Gewährleistungsfrist. Eine Ausnahme davon kann die vertragliche Regelung in den Allgemeinen Geschäftsbedingungen der VOB Teil B sein. Ansonsten beginnt die Gewährleistung nur neu, wenn der gerügte Mangel ohne Vorbehalte beseitigt worden ist. Sollte also Ihr Hausbaupartner nicht reagieren und droht die Gewährleistungszeit abzulaufen, sollten Sie ernsthaft verjährungshemmende Maßnahmen wie die Klageeinreichung überlegen. Beachten Sie, dass dieses in der Regel einer gewissen Vorlaufzeit bedarf, damit eine schlüssige Klage eingereicht werden kann. Behalten Sie dabei im Hinterkopf, dass die Gewährleistungszeit mit der Abnahme beginnt und daher durchaus mitten im Jahr verjährt.

# 17 Die Nutzung des Gebäudes

## 17.1    Wohnen

Endlich im eigenen Heim! Ist der Einzug vollzogen und hat das gesamte Inventar in etwa den Platz gefunden, der ihm zugedacht ist, beginnen die Auseinandersetzungen mit der Immobilie. Relativ schnell wird klar, was man hätte anders oder besser machen können, welche Entscheidungen besser anders getroffen worden wären. Aber nun ist es zu spät, jetzt müssen Sie damit klarkommen. Die ersten Tage und Wochen des Bewohnens stehen im Zeichen der Optimierung und ganz entscheidend des Trockenwohnens! Ihr Wohn-, Heiz- und Lüftungsverhalten entscheidet maßgeblich mit darüber, ob es zu Schimmelpilzproblemen kommt oder nicht. Die Zauberworte heißen: heizen und lüften, lüften und heizen und Zimmertüren schließen.

Von allen aktuellen Rechtsprechungstendenzen unbeeindruckt, geben mineralische Baustoffe und die aus mineralischen Baustoffen bestehenden Bauteile die ihnen aus der Bauzeit verbliebene Restfeuchte an die Raumluft ab. Sind diese Oberflächen luftumspült oder -überspült, findet ein Abtransport dieser Feuchte statt. Steht die Möblierung unmittelbar vor oder an der Wand, konzentriert sich die Feuchtigkeit in diesem wenig bis gar nicht belüfteten Hohlraum auf. Es kommt zwangsläufig zur Auskeimung von Schimmelpilzsporen und zum Schimmelpilzwachstum. Das gilt auch für Bilder, deren Rückwände gerne Feuchtigkeit aufnehmen. Plastikpuffer, die die Bilder leicht von der Wand abheben, bewirken eine Luftzufuhr und schaffen damit Abhilfe.

**234**

Tun Sie sich und Ihrem Eigentum etwas Gutes. Stellen Sie die Möbel mit etwas Abstand zur Wand auf, je mehr desto besser. Verzichten Sie auf das frühzeitige Montieren der Sockelleisten. Achten Sie bei Einbauküchen und anderen Einbaumöbeln darauf, dass die Rückwände, die an der Wand anliegen, luftumspült bleiben. Daher lieber eine Punkt- als Leistenaufhängung wählen. Lassen Sie die Unterbausockel weg oder setzen Sie Belüftungsöffnungen ein. Kaufen Sie sich mehrere Hygrometer und behalten Sie die relative Luftfeuchtigkeit im Auge. 55 %, max. 60 % rel. Luftfeuchte sollten nicht allzu häufig und zu lange überschritten werden. Stellen Sie die Hygrometer in den Problemzonen auf: Schlafräume, Küche, Hauptwohnraum, Bad, Kellerflur und Kellerräume.

Machen Sie die Zimmertüren, insbesondere die Badezimmertür und die Schlafzimmertüren zu, gelüftet wird nach draußen, nicht ins Haus hinein.

Lüften Sie Ihren Keller in den warmen Sommermonaten nur in den wirklich frühen Morgenstunden (gilt für die gesamte Nutzungsdauer) und lassen Sie (im Sommer) ansonsten die Kellerfenster zu.

Als echte Wohnräume genutzte Kellerräume oder Lagerräume für hochwertige Artikel, wie Kleidung, Schuhe oder Dokumente, sollten über den Sommer moderat beheizt werden. Dies geht eventuell nur mit Elektroheizgeräten oder Elektroheizkörpern, weil die Heizungsanlage im Sommerbetrieb nicht heizt.

Lüften und heizen Sie in den ersten zwei bis drei Nutzungsjahren exzessiv. Lieber in der ersten Heizperiode ein paar Hundert Euro mehr für den Energieträger ausgeben und warme, feuchte Luft durch Fensterlüftung nach draußen befördern, als sich jahrelang mit latent vorhandenen Feuchte- und Schimmelpilzproblemen rumschlagen. Lüftungsanlagen können dabei unterstützen, mehr aber auch nicht.

Im ersten Winter wird deutlich, ob die Heizungsanlage richtig dimensioniert und eingestellt wurde. Laut Heizanlagenverordnung haben Sie bei –10 °C Außentemperatur Anspruch auf 20 °C Raumtemperatur. Ist es draußen längerfristig kälter, was in den höheren Lagen der deutschen Mittelgebirge durchaus normal ist, kann keine Heizungsanlage im optimierten Betrieb die

Raumtemperatur aufrechterhalten. Dann wird es auch innen kälter. Werden Räume oder Raumbereiche aber gar nicht warm, stimmt irgendetwas an der Heizungsanlage nicht. Die Ursache dafür muss schnellstmöglich gefunden und beseitigt werden, sonst droht auch hier wiederum Schimmelpilzwachstum.

Wohnen heißt Nutzen und somit auch Abnutzen. Alle beweglichen Teile unterliegen in den ersten Monaten der wohnüblichen Nutzungssituation, die vor dem Einzug nicht gegeben war. Gummi- oder Kunststoffdichtungen werden weicher, Türblätter und Fensterflügel setzen sich in ihren Scharnieren, Holzbauteile passen sich an die Feuchtigkeit der Raumluft an, d.h. sie quellen oder sie schwinden. Es wird daher nötig sein, Türen und Fenster nachzustellen, Schlösser und andere Schließ- und Verriegelungsmechanismen nachzujustieren, knarrende Treppen nachzuspannen. Auch das Heizungs- und das Solarthermiesystem bedürfen der einen oder anderen Nachjustierung. Überlassen Sie das bitte den Fachleuten und schrauben Sie nicht selbst an den Anlagen herum. Sie könnten Gewährleistungs- oder Garantieansprüche verlieren.

Die volle Gewährleistung für die haustechnischen Anlagen räumen die ausführenden Handwerker in der Regel nur ein, wenn sie die Anlagen auch warten können oder Sie mit einer anderen Unternehmung einen entsprechenden Wartungsvertrag abschließen. Ohne eine solche regelmäßige Wartung bzw. einen Wartungsvertrag, kann es sein, dass vertraglich festgelegt wird, dass sich die Gewährleistungszeit verkürzt. Insofern sollten Sie unbedingt die vertraglichen Regelungen beachten.

Schließen Sie Wartungsverträge für die haustechnischen Anlagen ab. Melden Sie Funktionsstörungen zeitnah sowohl an Ihren Hausbaupartner als auch direkt an den mit der Wartung der haustechnischen Anlage beauftragten Handwerker.

**236**

## 17.2 Wartung und Pflege des Hauses

Wie in KAPITEL 17.1 »WOHNEN« schon erwähnt, bedeutet Wohnen Benutzen und somit auch Abnutzen. Über die Zeit werden Bauteile in ihren Oberflächen, aber auch in ihren inneren Strukturen beansprucht und verbrauchen sich, nutzen sich ab. Dieser Substanzverbrauch betrifft auch die witterungsbeaufschlagten Bauteiloberflächen der Fassade, des Dachs und der Öffnungsbauteile. Ein Gebäude und seine Teile bedürfen ähnlich einem Auto oder einer hoch beanspruchten Maschine der beständigen nutzungsbegleitenden Wartung, Instandhaltung und Pflege.

Eigentum verpflichtet – nehmen Sie diese Verpflichtung ernst. Ihr Haus wird es ihnen durch höhere Wertbeständigkeit, bessere und längerfristige Aufrechterhaltung der Funktionstauglichkeit und Dauerhaftigkeit danken. Instandhaltungsstau oder das Unterlassen kleinerer Reparaturen haben zuerst unmerkliches, dann schnell zunehmendes zerstörerisches Potenzial. Ein kleiner Riss auf der schlagregenzugewandten Seite des Hauses, der mit einem geringfügigen Eurobetrag hätte beseitigt werden können, kann einen unabsehbar großen Feuchteschaden mit Folgeschäden hervorrufen, wenn er nicht zeitnah repariert wird.

Überprüfen Sie Ihr Haus und die Außenbauteilebauteile regelmäßig auf Schäden, dies insbesondere nach Unwettern und Stürmen.

# 18  Aus aktuellem Anlass: Radon, das radioaktive Edelgas aus dem Baugrund

Nachdem das deutsche Strahlenschutzgesetz in Anpassung an die europäische Gesetzgebung im Verlauf des Jahres 2018 in mehreren Abschnitten in Kraft tritt, bekommt nun auch der bauliche Schutz vor dem radioaktiven Edelgas Radon eine neue Bedeutung.

Radon begleitet die Siedlungsgeschichte der Menschheit von Anbeginn an, ist also kein wirklich neues Problem. Aber die Richtlinien haben sich geändert und werden sich noch weiter ändern. Radon steht im Verdacht, die Ursache für viele nicht raucher- oder asbestbedingte Lungenkrebserkrankungen zu sein. Demzufolge sind nach den neuen gesetzlichen Regelungen Maßnahmen zu treffen, die eine übermäßige Radonbelastung an Arbeitsplätzen und in Wohnräumen vermeiden. Als Orientierungswert nennt das Strahlenschutzgesetz dabei einen Messwertebereich von 100 bis 300 Bql/m³ Raumluft.

Radon entsteht im Untergrund und im Gestein durch Zerfall radioaktiver Bestandteile des Gesteins bzw. des Erdreichs. Angetrieben durch die Differenz der Gaskonzentrationen steigt Radon durch die Bodenschichten auf und vermischt sich oberhalb der Erde mit der Umgebungsluft.

Die Radonbelastung auf Ihrem Baugrundstück ist von mehreren Faktoren abhängig:

Es gibt Radonkarten für Deutschland, die Gebiete mit starken Radonemissionen ausweisen. Allerdings ist die örtliche Belastung auf Ihrem Baugrundstück in erster Linie vom Aufbau und der Durchlässigkeit des dort befindlichen Baugrundes abhängig. Gut wasserdurchlässige Böden sind auch für aufsteigendes Radon gut durchlässig, während gering bis kaum durchlässige Böden auch für Radon wenig durchlässig sind. Bei anstehendem Grundwasser knapp unter der Bodenplatte des Hauses ist die Radonbelastung sehr gering, da Radon die Wasserbarriere nicht durchdringen kann.

**240**

Radon kann durch Risse in der Bodenplatte und/oder den Kellerwänden ins Haus eindringen (Gasströmung). Es wandert auch durch die einzelnen Bauteilschichten hindurch (Diffusion). Bei abgedichteten Mauerwerks- oder Betonkellern ist der Anteil der Diffusion sehr klein. Durch vollflächig auf der Bodenplatte verlegte Abdichtungsbahnen wird die Diffusion weiter reduziert. Aber Radon dringt auch in Lichtschächte ein und konzentriert dort auf, von dort strömt es über die Kellerfenster in den Keller.

Die Menge an Radon, die über Risse und Spalten sowie über Lichtschächte und Kellerfenster einströmt, ist der wesentlich Gasanteil mit dem wir uns auseinandersetzen müssen.

Radon wird man am besten durch Weglüften los. In vielen anderen Ländern ist der Schutz vor Radoneintritten in Gebäude üblicher Baustandard, dort gehört ein sogenannter Radonbrunnen durchaus zum Regelleistungsumfang. Ein Radonbrunnen ist eine Kammer unterhalb der Bodenplatte, die über eine Abluftleitung über das Dach ins Freie entlüftet wird. Zumeist genügt der sich einstellende Kamineffekt, um das Radon wegzulüften. Wenn zu viel Radon ins Haus eindringen sollte, kann der Einbau eines einfachen Rohrlüfters Abhilfe schaffen.

Wir können Radon nicht vermeiden, aber wir können es in unseren Wohn- und Nebenräumen reduzieren.

In Sachen eines standardisierten baulichen Radonschutzes stehen wir in Deutschland erst am Anfang. Im Hinblick auf Regelvorgaben wird sich in den nächsten Jahren einiges ergeben.

Der Schutz gegenüber einer erhöhten Radonbelastung ist – aktueller Kenntnisstand – praktizierter Gesundheitsschutz, der für eine vergleichsweise geringe Investition umgesetzt werden kann.

# 19 Glossar

Bauvertrag (seit 01.01.2018)

Vertrag, der die Erbringung einer Bauleistung, den Umbau oder die Errichtung eines Bauwerks mit vertraglich vereinbarten Beschaffenheiten gegen eine vorher vereinbarte und im Vertrag festgelegte Vergütung zum Gegenstand hat.

Bauvoranfrage

Eine dem weiterführenden Planungsprozess vorgreifende Anfrage an die Baugenehmigungsbehörde, ob ein Bauvorhaben, das in Teilen vom Bebauungsplan abweicht, genehmigungsfähig ist.

Bebauungsplan

Öffentlich-rechtliche Gestaltungs- und Formgebungsvorschrift, die festlegt, wie in den jeweiligen Baugebieten gebaut werden darf. Die Festlegungen können sehr umfangreich sein.

Befreiungsantrag

Im Zuge der Baueingabeplanung kann der Bauherr über den Architekten einen Antrag auf Befreiung von bestimmten Auflagen des Bebauungsplans beantragen. Diesem Antrag kann, muss aber nicht zugestimmt werden. Es ist daher besser, diese Klärung im Vorfeld durch eine Bauvoranfrage zu klären.

Gewerk

Ein auf der traditionellen Differenzierung der Bauhandwerke beruhender Teilleistungsbereich. Diese Aufteilung hat sich über die Jahrhunderte immer weiter entwickelt und differenziert. Dies trifft mittlerweile auch auf die Innenausbau- und Haustechnikgewerke zu. Für die einzelnen Gewerke – ein Anhalt bietet die Differenzierung nach VOB/C – gibt es spezielle Regelungen für Ausführung, Aufmaß und Abrechnung.

### Sondereigentum

Das sind in der Regel alle nichttragenden Wände, die Innentüren, die raumseitigen Oberflächen der tragenden Wände, der Decken und Fußböden, die wohnungsseitige Oberfläche der Wohnungseingangstür oder Hauseingangstür sowie das Innenvolumen des zur Wohneinheit zugehörigen Abstellraums (sofern vorhanden) der von Ihnen gekauften Wohneinheit. Diese Oberflächen und Bauteile dürfen Sie nach eigenen Vorstellungen und Wünschen verändern. Alle anderen Bauteile sind Teil des Allgemeineigentums. Diese können nur mit Zustimmung der Eigentümergemeinschaft verändert werden.

### Teilungserklärung

Das maßgebliche Dokument beim Kauf einer Immobilie vom Bauträger. Die Teilungserklärung legt fest, welche Anteile und Bauteile der Immobilie Ihr (Sonder-)Eigentum sind, daher auch von Ihnen genutzt und verändert werden können, und welche im Allgemeineigentum verbleiben, also der Eigentümergemeinschaft gemeinschaftlich gehören. Sie sind daran anteiliger Eigentümer, haben unter Umständen Sondernutzungsrechte, dürfen daran aber nicht ungefragt Veränderungen vornehmen.

### VOB

Verdingungsordnung für Bauleistungen. Relevant für Sie als privaten Bauherrn (nicht als Käufer) ist dabei nur noch der Teil C mit den Ausführungsvorschriften, sofern dieser vereinbart worden ist. Vorrang hat aber immer, was im Vertrag steht. Die VOB Teil B wurde früher gerne als Allgemeine Geschäftsbedingung mit vereinbart. Davon wird heute häufig abgesehen, weil ihre Klauseln bei Verträgen mit Verbrauchern der Inhaltskontrolle unterliegen. Deshalb gelten für solche Verträge die Vorschriften des Werkvertragsrecht der §§ 631 ff BGB.

### Wärmedämmverbundsystem (WDVS)

Zumeist überputztes Fassadendämmsystem, bei dem die Dämmung auf der Außenwandkonstruktion aufgebracht wird. Alternativ zum Putz werden in manchen Regionen Klinkerriemchen oder Feinsteinzeugfliesen verwendet.